基礎電気回路ノート I

electric circuit
basic

小関 修　著
光本 真一

電気書院

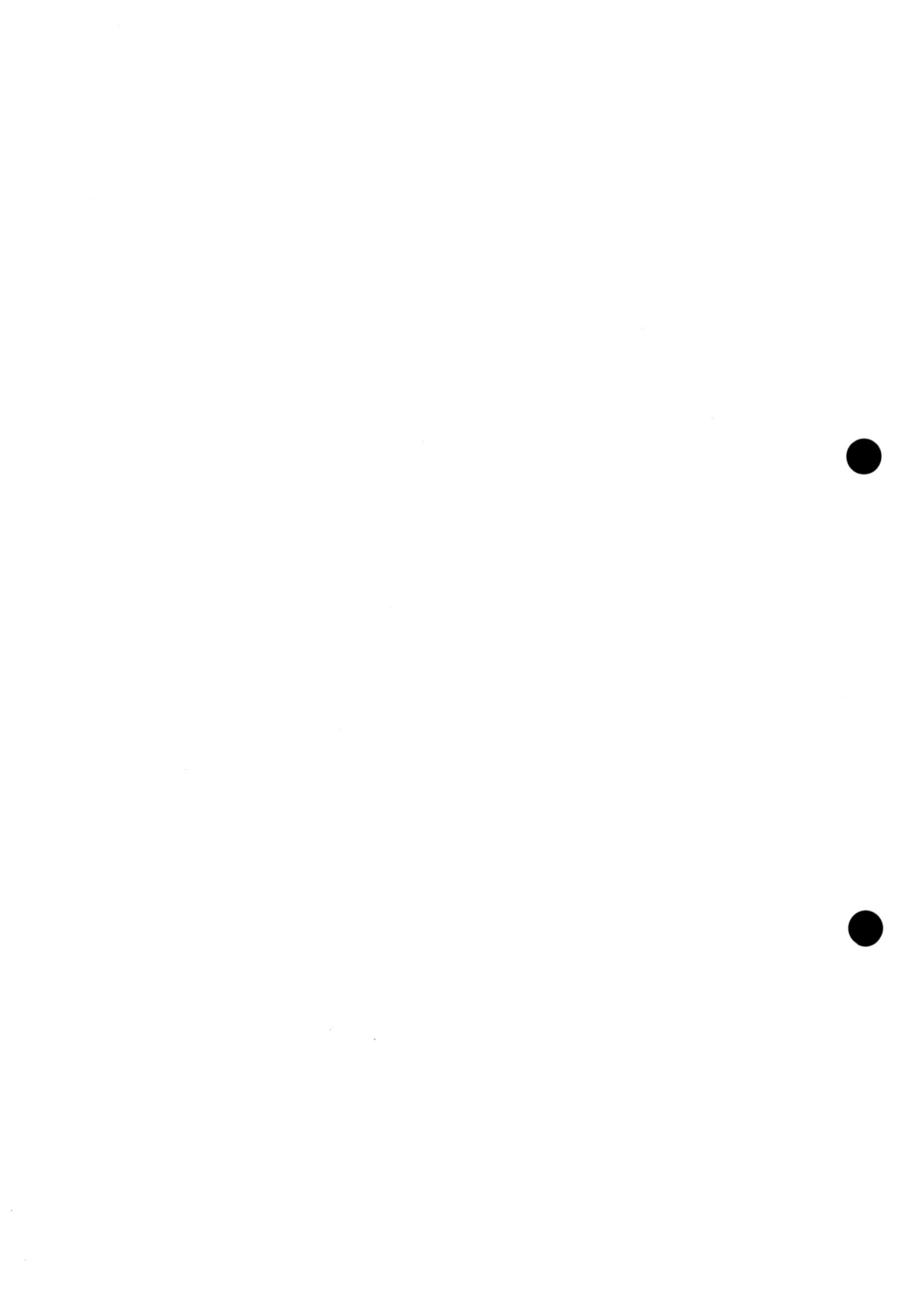

● 本書のねらいと使い方 ●

　本書はノートⅠ、ノートⅡおよびノートⅢの３冊構成となっており、電気回路の基本的で重要な理論を取り上げています。対象とする人は、直流回路の入門から交流回路までを学ぶ人、電験三種を目指す人、さらには、単相交流については、電験二種を目指す人、を想定しています。
　本書を作成するにあたっては、以下のようなことに配慮しました。

●筆者自身の電気回路の学習における悩みや疑問は、

・説明が飛躍しているため、途中で思考が途切れてしまい、わからなくなる。

・知らず知らずのうちに、考えないで説明を読むだけの受身の勉強になっている。その結果、理論の考え方がしっかりつかめない。

・電気回路の計算方法（理論）が順番に説明されるが、何が不足だったから、新しい理論が考え出されたのか。それを学ぶと何が嬉しいのだろうか。

というものでした。これらのことを少しでも解決できるよう、本書では、

> ▶ 理論の**有用性**に触れながら、その内容をできるだけ**飛躍がない**よう、**丁寧**に説明しています。その中には、実験データから理論を考える単元もあります。
>
> ▶ ポイントとなる部分は**空白**にしてあり、そこを**穴埋め**＊することにより、**考える、受身の勉強にならない**、そして**理論の考え方をつかむ**ことを促しています。

●また、学習を円滑に進めることができるよう、

> ▶ 理論の**解説**、**例題**、**練習問題**の順に並べてあります。
>
> ▶ 練習問題には**解答記入**のための**スペース**が設けてあります。また、全ての練習問題に詳しい解答が付けてあります。
>
> ▶ 各ページは、**ミシン目**が入っており、切り離して使えます。練習問題を解くときに便利だと思います。切り離す場合は、リングファイルに綴じると、散逸せずよいです。

　皆さんが、「電気回路がわかる、なっとく」するのに、本書が役立つことを願っています。

> ＊穴埋め用の空白は、アンダーラインおよび四角で示されています。**点線の**＿＿＿＿＿**ある
> いは**□には、**文字式（文字）**を記入してください。**実線の**＿＿＿＿＿**あるいは**
> □には、**数値**（多くは、文字式に代入する数値）を記入してください。なお、定義の部分は、自分だけで埋めることが難しい場合があります。その場合は、巻末の解答から、埋めるべき言葉を書き写してください。また、波線のアンダーラインは、選択のための候補を示しています。選択しないほうを二重線で消すなどして、どちらかを選んでください。

基礎電気回路ノートI　目次

第1章　直流回路の基礎事項 —————————————————— 1

 1.1　数の取り扱い　1
  1.1(1)　科学表記　1
  1.1(2)　10のべき乗を表す接頭語　1
  1.1(3)　時間の単位　1
 1.2　電荷と電流　3
 1.3　電位、電圧、電力および電力量　6
  1.3(1)　電位、電位差および電圧の定義　6
  1.3(2)　電力および電力量の定義　8
 1.4　オームの法則と電力、および抵抗の式　12
  1.4(1)　オームの法則と、抵抗で表した電力の式　12
  1.4(2)　抵抗の式　13
 1.5　電圧と電流の方向、および2点間の電圧計算　16
  1.5(1)　直流電圧源の表示　16
  1.5(2)　任意の2点間の電圧の示し方　16
  1.5(3)　単一電圧源による電流の方向と符号　17
  1.5(4)　電流の方向と抵抗に加わる電圧の方向の関係　17
  1.5(5)　2点間の電圧計算　18
 1.6　定電圧等価回路（等価電圧源）　21
  1.6(1)　＜実験＞実際の電圧源の電流－電圧特性　21
  1.6(2)　定電圧等価回路（等価電圧源）　22
 解答　29

第2章　直流回路の解法 —————————————————— 35

 2.1　抵抗の直並列接続　35
  2.1(1)　直列接続した抵抗の合成抵抗　35
  2.1(2)　並列接続した抵抗の合成抵抗　35
  2.1(3)　直並列接続した抵抗の合成抵抗　36
  2.1(4)　直列抵抗による分圧　37
  2.1(5)　並列抵抗による分流　38
  2.1(6)　電線は電気を通すゴムひも　47
  2.1(7)　直並列回路における2点間の電圧計算　48
  2.1(8)　ブリッジ回路　50

- 2.2　Δ－Y 変換　54
  - 2.2(1)　Δ－Y 変換式　54
  - 2.2(2)　Δ－Y 変換と 2 点間の電圧計算による電流計算　58
- 2.3　重ねの理　60
- 2.4　キルヒホッフの法則－枝電流法　66
- 2.5　キルヒホッフの法則－ループ電流法　75
  - 2.5(1)　ループ電流法の導出　75
  - 2.5(2)　ループの決め方　78
- 2.6　テブナンの定理　84
  - 2.6(1)　テブナンの定理とは　84
  - 2.6(2)　回路シミュレータによる実験　85
  - 2.6(3)　テブナンの定理の証明　86
- 2.7　定電圧等価回路と定電流等価回路の相互変換（ノートンの関係）　95
  - 2.7(1)　実際の電流源と定電流等価回路　95
  - 2.7(2)　定電流等価回路と定電圧等価回路の相互変換（ノートンの関係）　97
  - 2.7(3)　ノートンの関係（相互変換）による回路のまとめ方　98
  - 2.7(4)　ノートンの関係（相互変換）を用いる場合の注意事項　100
  - 2.7(5)　電流源を含む回路の重ねの理　106
  - 2.7(6)　電流源を含む回路のテブナンの定理　107
- 2.8　最大電力の供給（整合条件）　109
- 解答　113

基礎電気回路ノート II、III は別冊で、目次は以下のようになります。

基礎電気回路ノート II

第 3 章　正弦波交流
- 3.1　正弦波交流の一般式
  - 3.1(1)　角度の関数から時間の関数へ
  - 3.1(2)　正弦波交流の一般式と用語
- 3.2　回路要素の電圧－電流特性
  - 3.2(1)　回路要素
  - 3.2(2)　電圧と電流の大きさと方向の関係
  - 3.2(3)　抵抗における電圧－電流特性
  - 3.2(4)　インダクタンスにおける電圧－電流特性
  - 3.2(5)　キャパシタンスにおける電圧－電流特性
- 3.3　瞬時値を用いた交流回路計算
  - 3.3(1)　瞬時値を用いた RLC 回路の計算方法
  - 3.3(2)　ω が関与することについての利点
- 解答

第 4 章　ベクトルと複素数
- 4.1　交流回路計算の簡単化に向けて
  - 4.1(1)　瞬時値による回路計算に用いられる数式処理
  - 4.1(2)　三角関数の加減算のベクトル合成への置き換え
- 4.2　複素数計算
  - 4.2(1)　複素数
  - 4.2(2)　複素数の四則演算
  - 4.2(3)　複素平面と複素数を表す形式

- 4.2(4) 複素数の乗算の簡単化
- 4.2(5) 複素数の除算の簡単化
- 4.2(6) 複素数に j, $-j$ を掛けること
- 解答

第5章 複素数による交流回路の解法

- 5.1 正弦波交流と複素数の対応付け
  - 5.1(1) 正弦波交流と複素数の対応付け
  - 5.1(2) 実効値について
- 5.2 複素数で表した回路要素の電圧－電流特性
  - 5.2(1) 抵抗
  - 5.2(2) インダクタンス
  - 5.2(3) キャパシタンス
- 5.3 インピーダンス
  - 5.3(1) インピーダンスの定義
  - 5.3(2) 回路要素のインピーダンス
  - 5.3(3) インピーダンスの直並列接続
  - 5.3(4) インピーダンスの直角座標表示と極座標表示
  - 5.3(5) 回路要素のインピーダンス
  - 5.3(6) RLC回路のインピーダンス
  - 5.3(7) インピーダンスを用いる回路計算
- 5.4 アドミタンス
  - 5.4(1) インピーダンスの逆数の有用性
  - 5.4(2) アドミタンスの定義
  - 5.4(3) アドミタンスの直角座標表示と極座標表示
  - 5.4(4) 回路要素のアドミタンス
  - 5.4(5) アドミタンスの直並列接続
  - 5.4(6) RLC回路のアドミタンス
- 5.5 アドミタンスとインピーダンスを組み合わせた回路計算
- 解答

第6章 交流電力

- 6.1 交流電力の基礎
  - 6.1(1) 力率角
  - 6.1(2) 有効電力・無効電力・皮相電力・力率
- 6.2 複素電力
  - 6.2(1) 複素電力の定義
  - 6.2(2) アドミタンスと電圧で表す複素電力
  - 6.2(3) インピーダンスと電流で表す複素電力
  - 6.2(4) 無効電力・皮相電力の物理的意味と無効電力による影響
  - 6.2(5) 交流電力の計算方法と使い分けについてのまとめ
- 6.3 力率の進み・遅れと力率改善
  - 6.3(1) 有効電力・無効電力の符号
  - 6.3(2) 進み力率・遅れ力率
  - 6.3(3) インピーダンスとアドミタンスの力率
  - 6.3(4) 交流電力の加減算
  - 6.3(5) 力率改善
- 6.4 電力の最大値
  - 6.4(1) 整合条件（供給電力最大条件）
  - 6.4(2) 電力の最大値を求めるその他の解法
- 解答

基礎電気回路ノートⅢ

第7章 相互誘導回路

- 7.1 相互誘導作用
  - 7.1(1) 相互誘導電圧の大きさ
  - 7.1(2) 相互誘導電圧の方向
- 7.2 誘導電圧を用いる相互誘導回路の解法
  - 7.2(1) 相互誘導回路の電流の決まり方
  - 7.2(2) 誘導電圧を用いる相互誘導回路の解法
- 7.3 等価回路を用いる相互誘導回路の解法
  - 7.3(1) 相互誘導回路の等価回路の導出
  - 7.3(2) 等価回路を用いる相互誘導回路の解法
  - 7.3(3) 等価回路を用いる場合の注意点
- 7.4 自己、相互インダクタンスの関係と変圧器
  - 7.4(1) 自己インダクタンスと相互インダクタンスの関係
  - 7.4(2) 変圧器
- 解答

第8章 ブリッジ回路とフィルタ回路

- 8.1 ブリッジ回路
  - 8.1(1) ブリッジ回路の平衡条件
- 8.2 フィルタ回路
  - 8.2(1) フィルタの周波数特性
  - 8.2(2) その他のフィルタの周波数特性（参考）
- 解答

第9章 共振回路と周波数特性

- 9.1 共振の定義
- 9.2 RLC直列共振回路
  - 9.2(1) 共振角周波数
  - 9.2(2) RLCそれぞれに加わる電圧の電源電圧に対する比
  - 9.2(3) 共振の鋭さ
  - 9.2(4) 回路に流れる電流の特性と選択度（共振の鋭さ）の関係
  - 9.2(5) 交流フィルタ
- 9.3 RLC並列共振回路
  - 9.3(1) 共振角周波数
  - 9.3(2) RLCそれぞれに流れる電流の流入電流に対する比
  - 9.3(3) 共振の鋭さ
  - 9.3(4) 回路に加わる電圧の大きさについての

　　　　特性
　9.4　LCのみで構成される回路の共振について
　解答

第10章　軌跡

　10.1　軌跡とは
　　10.1(1)　軌跡の定義
　　10.1(2)　軌跡の例
　　10.1(3)　作図法による軌跡の求め方
　10.2　軌跡の回路解析への応用
　解答

第11章　4端子回路

　11.1　4端子回路とは
　11.2　F行列
　　11.2(1)　F行列の定義
　　11.2(2)　F行列の縦続接続
　11.3　Y行列
　　11.3(1)　Y行列の定義
　　11.3(2)　基本回路のY行列
　　11.3(3)　Y行列の並列接続

　11.4　Z行列
　　11.4(1)　Z行列の定義
　　11.4(2)　基本回路のZ行列
　　11.4(3)　Z行列の直列接続
　　11.4(4)　Z行列の逆行列および相反定理
　　11.4(5)　ZパラメータとFパラメータの変換
　11.5　4端子回路の応用
　　11.5(1)　電圧増幅率（度）
　　11.5(2)　入力インピーダンス、出力インピーダンス
　解答

第12章　三相交流

　12.1　多相交流
　　12.1(1)　三相交流の利点
　12.2　対称三相交流回路
　12.3　対称三相交流回路におけるΔ－Y変換
　　12.3(1)　電源電圧のΔ－Y変換
　　12.3(2)　インピーダンスのΔ－Y変換
　12.4　対称三相交流回路の電力
　解答

第1章 直流回路の基礎事項

────、┄┄┄：文字式を記入
━━━━、□：数値を記入

1.1 数の取り扱い

学習内容 数の取り扱い方として、科学表記、および10のべき乗を表す接頭語を学ぶ。
目　標 数について、科学表記できる。10のべき乗を表す接頭語を使える。

1.1(1) 科学表記

・電気工学の分野では、非常に大きな数や、小さな数を扱う。微少な電流であれば、0.00000345[A]というように、0の表記が多くなる場合もある。このとき、0の数を見落としたりして間違いを起こしやすい。

・そこで、**科学表記**と呼ばれる方法が有用である。科学表記は、数を

> $N \times 10^n$
> ただし、Nは仮数といい、**1以上10未満の数字**、
> 　　　　nは指数、または、べき指数といい、正または負の整数

と表す。例えば、
$0.00000345 = 3.45 \times 10^{-6}$　　　　$3456 = 3.456 \times 10^3$

・**本書においては、除算や乗算において仮数部が4桁以上になる場合は、原則、4桁目を四捨五入して3桁で表現する**ようにしている。例えば、$\dfrac{8.52 \times 10^2}{7.43 \times 10^5} = 1.15 \times 10^{-3}$

（その理由：電気工学の分野では、電圧や抵抗の値の測定精度が0.1～1.0%であることが多く、それらを4桁以上細かく表示しても意味がないため）。

1.1(2) 10のべき乗を表す接頭語

・大きな数や小さな数を表すために用いる記号として、以下のような、10のべき乗を表す接頭語を用いる。

M（メガ）	10^6	μ（マイクロ）	10^{-6}
k（キロ）	10^3	n（ナノ）	10^{-9}
m（ミリ）	10^{-3}		

例：$1332[\text{kHz}] = 1.332 \times 10^3[\text{kHz}] = 1.332[\text{MHz}]$

1.1(3) 時間の単位

・時間の単位は基本的に秒[s]であるが、**時間**[h]（$=3600[\text{s}]$）も使う。

<1.1 例題>

[1] 133000[kHz]を[Hz]単位および、[MHz]単位の科学表記で示せ。

(解答)(答えにはアンダーラインを付けてある)

133000[kHz]＝1.33×10⁵×10³[Hz]＝$\underline{1.33\times 10^8}$[Hz]＝1.33×10²×10⁶[Hz]＝$\underline{1.33\times 10^2}$[MHz]

<1.1 練習問題>

[1] 次の数あるいは計算結果を、科学表記で表せ。

(1) 3198＝

(2) 0.0054＝

(3) 110×1400＝

(4) $\dfrac{2.89\times 10^5}{1.21\times 10^2}=$

[2] $Y=0.15$[mg]を$Y=1.5\times 10^X$[g]と表す。Xはいくつか。

[3] リニア新幹線の時速 V=500[km/h] は何[m/s]か。科学表記で表せ。

[4] $V=8$[m³]を、8×10^d[mm³]と表すとき、dはいくつか。

[5] 金の密度ρ＝19.3[g/cm³]は何[kg/m³]か。科学表記で表せ。

1.2 電荷と電流

学習内容 水流との対応付けによる電荷と電流の定義
目　標 水流との対比により、電荷と電流の関係が理解でき、電流、電荷の計算ができる。

・図 1-1 に示すように、電池に電球を接続すると、電流が流れる。この電流の実体は、電池の－極から、＋極に向かって供給される電子（マイナスの「電気を運ぶ粒子」）の流れである。
・しかし、歴史的経緯から、電流は、電池の＋極から－極に向かう、仮想的に考えたプラスの「電気を運ぶ粒子」の流れであると決められている。
・この「**電気を運ぶ（＝荷う）粒子**」を①＿＿＿＿という。

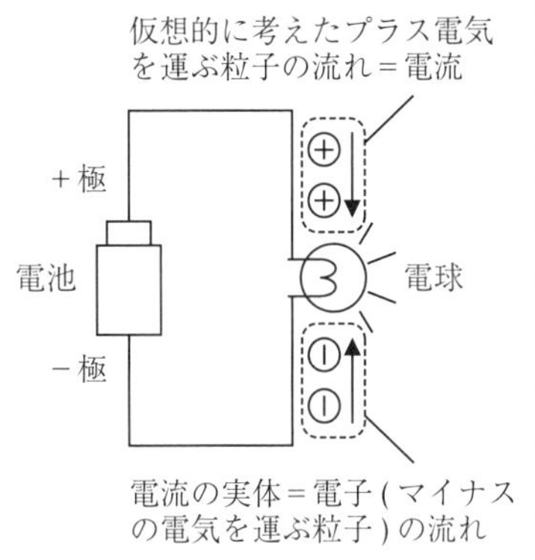

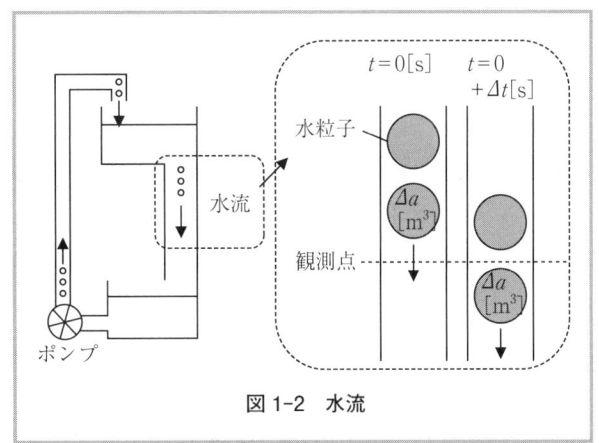

図 1-1　電流の実体

以下で、水流と対比させて電荷と電流を定義する。

水流

・水流とは、水の粒子の流れ。
・水粒子の量 Δa[m³] が、時間 Δt[s] の間に観測点を通過するとき（図 1-2）、
・水流 b は、$b = \dfrac{\Delta a}{\Delta t}$ [② ＿＿＿/＿＿＿]
と定義される〈Δ（デルタ）は小さな量であることを示す記号〉。

図 1-2　水流

電流

・電荷（の量）の記号は③＿＿＿を用い、その単位は[④＿＿＿（記号）]（読み方：⑤＿＿＿）である。
・電流の記号は⑥＿＿＿を用いる。
・電流とは、プラスの「電荷」の流れであるから、
時間 Δt[s] の間に ΔQ[C] の電荷が移動したときの電流 I は、水流にならって、

⑦ $I = \dfrac{\boxed{}}{\boxed{}}$ [$\boxed{}$/$\boxed{}$] (1-1)

となる。(1-1)式が示すように、電流Iの単位は[C/s]であるが、これを⑧(記号)[$\boxed{}$]（読み方：アンペア）と表す（定義する）ことが決められている。したがって、(1-1)式を改めて示すと、

$$I = \dfrac{\Delta Q}{\Delta t}\text{[C/s]} \equiv \text{[A]} \quad (1\text{-}2)$$

となる。　　　　　三本線は「定義」であることを示す記号

<参考> 電荷（電気量）1[C]の定義（詳しくは電磁気学で学ぶ）

・クーロンの法則：距離r[m]離れた2つの電荷Q_1, Q_2[C]の間に働く力F[N]は、方向が2つの帯電物質を結ぶ直線上にあって、その大きさFは、

$$F = 9 \times 10^9 \times \dfrac{Q_1 Q_2}{\varepsilon_s r^2} \text{[N]}$$

となる。電荷が同符号ならば反発力、異符号なら吸引力。ここで、ε_sは比誘電率といい、真空中（空気中）では1となる値。この式から、真空中に1[m]離れて置かれた電気量の等しい二つの帯電物質の間に働く力が9×10^9[N]のとき、それぞれの帯電物質の電荷量は1[C]となる。

・1[C]はかなり大きな量である。プラスチックの下敷きを頭髪で摩擦するとよく帯電するが、それでも、その電荷の量は⑨「10^{-2}、10^{-4}、10^{-8}」[C]程度である。

< 1.2 例題 >

[1] ある導線中を10[A]の一定電流Iが$\Delta t = 20$[s]間流れたら、導線の断面を通過した電荷の量ΔQは何[C]か。

（解答）

電荷ΔQを電流Iと時間Δtで表すと、(1-2)式より、⑩ $\Delta Q = \underline{} \cdot \underline{} = \underline{} \times \underline{} = \underline{200\text{[C]}}$

< 1.2 練習問題 >

[1] $I = 1$[A]の直流電流が$t = 1$[h]の間流れたときに移動した電荷の量を、電荷の量の一つの単位として1[Ah]（アンペアアワー）と表す。1[Ah]は何[C]か。

[2] $I=3.0\times10^3$[A]の一定電流を、科学表記で表して $t=\text{a}\times10^\text{b}$[h]の時間だけ流したとき、移動した電荷の量は $Q=2.7\times10^3$[C]であった。aとbはいくつか。

[3] 導線中を $I=3.45$[μA]の電流が、時間 $\Delta t=45.6$[ms]間、流れるとき、この導線中を移動する電荷の量 ΔQ を、[C]および[Ah]単位で、科学表記により表せ。

1.3 電位、電圧、電力および電力量

学習内容 水流との対応付けによる電位、電位差、電圧、電力および電気が行う仕事（＝電力量）の定義

目 標 電位、電位差、電圧の関係が理解できる。電力、電力量の計算ができる。

　この節では、電位に基づく電圧の定義を、水流との対比で説明する。さらに、よく知られている、**電力＝電流×電圧**という式がなぜ、成り立つのかを示す。

1.3(1) 電位、電位差および電圧の定義

　水粒子の持つエネルギー（エネルギーの単位は[J]：ジュール）と、電池がつくり出す電荷のエネルギーを対比させて、電位、電位差、電圧を定義する。

|水流|

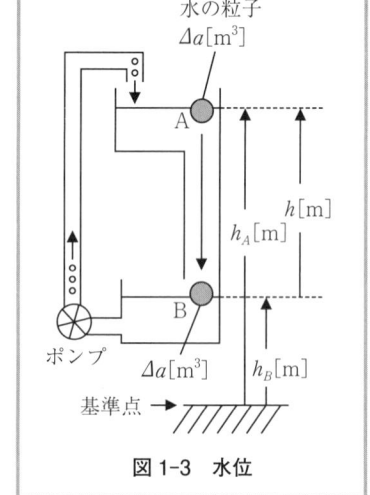

図 1-3 水位

- 図1-3に示す水路系において、水の粒子$\Delta a[\mathrm{m}^3]$が、基準点に存在するときに持つエネルギーが0であり、その水粒子がA点に存在するときに持つエネルギーが$\Delta W_A = \rho \cdot g \cdot \Delta a \cdot h_A [\mathrm{J}]^*$であるとき、$h_A[\mathrm{m}]$を、基準点に対する点Aの**水位**と定義する。

- 同じ基準点に対して、B点に存在する水の粒子$\Delta a[\mathrm{m}^3]$が持つエネルギーが$\Delta W_b = \rho \cdot g \cdot \Delta a \cdot h_B [\mathrm{J}]$であるとき、基準点に対するB点の水位は$h_B[\mathrm{m}]$である。

- ここで、$h = h_A - h_B [\mathrm{m}]$を、B点を基準とするA点の**水位差**という。
- $h_A > h_B$であるとき、水位差は正の値となる。

- 水位h_Aにある水粒子は、水位h_Bにある同じ量の水粒子に比べ、「$\rho \times g \times$水粒子の量$\times$水位差」だけ多いエネルギーを持つ（多くの仕事ができる）ことになる。

*$\rho[\mathrm{kg/m^3}]$は水の密度、$g[\mathrm{m/s^2}]$は重力加速度、$\rho \cdot g \cdot \Delta a [\mathrm{kgm/s^2}] = [\mathrm{N}]$は水粒子に働く力、$\rho \cdot g \cdot \Delta a \cdot h_A = $力×距離＝仕事（エネルギー）[J]を示す。

電気

- 図1-4の電池において、電荷ΔQが、基準点に存在するときに持つエネルギーが0であり、その電荷がA点（＋極）に存在するときに持つエネルギーが$\Delta W_A=\Delta Q \cdot V_A$[J]であるとき、$V_A$を、基準点に対するA点（＋極）の①＿＿＿＿と定義し、その単位を[②＿＿＿（記号）]（読み方：ボルト）と決める。
- ここで、基準点としては、一般に大地（アース）が用いられる。上述したように基準点に存在する電荷のエネルギーは0ゆえ、基準点（大地）の電位は0[V]になる。

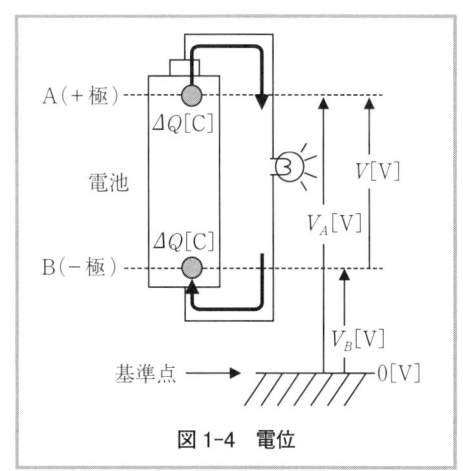

図1-4　電位

（電位の詳しい定義は、電磁気学において説明される）

- この電荷ΔQがB点（－極）に移動したとき、電荷ΔQの持つエネルギーが$\Delta W_B=\Delta Q \cdot V_B$[J]になったとすると、基準点に対するB点（－極）の**電位**はV_B[V]になる。

- ここで、2点間の**電位**の**差**である$V=V_A-V_B$を、B点を基準とするA点の③＿＿＿＿あるいは④＿＿＿＿と定義する。
- $V_A>V_B$であれば、$V_A-V_B=V>0$であるから、この電位差あるいは電圧は、正の値となる（したがって、V_B-V_Aという電位差（電圧）を考えれば、その値は負となる）。
- なお、電位差（電圧）の記号は、電位と同じく[V]（ボルト）である

- 電池の場合、その＋極の電位$V_A>$－極の電位V_Bであるから、＋極にある電荷ΔQ[C]は、それが－極（電位V_B）に移動した後に比べ、
$\Delta W=\Delta W_A-\Delta W_B=\Delta Q V_A-\Delta Q V_B=\Delta Q(V_A-V_B)=$⑤$\Delta Q \cdot$＿＿＿[J]、すなわち、
「$\Delta W=$電荷$\Delta Q \times$電圧V」分だけ多いエネルギーを持つことになる。
- このエネルギーΔWは、電荷の移動に伴い、負荷に供給され、消費される（電球であれば、光と熱を出す）。
- ここで、電圧V、電荷ΔQ、およびエネルギーΔWの関係を再び示すと、

$$\Delta W=\Delta Q \cdot V \text{ [J]} \tag{1-3}$$

となる。

- この式は、「**電圧**V[V]**のもとで、電荷**ΔQ[C]**が移動するときに、負荷に供給されるエネルギー（負荷に対して行う仕事）は、**$\Delta W=\Delta Q \cdot V$[J]**である**」ことを意味している（図1-5）。

<参考> ・電池は、その＋極にある電荷が、−極にある電荷よりも大きなエネルギーを持ち、そのような電荷を連続して供給できるという特性を持っている。この特性は、電池内部の化学作用により作り出されるものである。
・また、電池が「から」になるまで、総量として何[C]の電荷を負荷に供給できるかは、電池の容量（2000[mAh]のように電池に記されている）によって決められる。

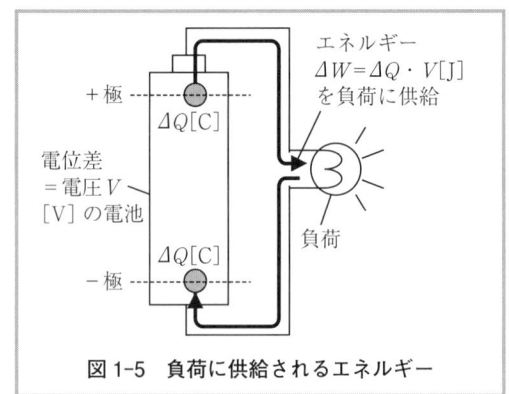

図1-5 負荷に供給されるエネルギー

< 1.3(1) 例題 >

[1] 充電式ニッケル水素電池の電圧は $V=1.2$[V] 一定であるとする。この電池を負荷に接続した場合、

(1) 電池の電荷 $\Delta Q=0.1$[C] が、負荷に供給するエネルギー ΔW は何[J]であるか。

(2) この電池の総電荷量（容量）が、$Q=1900$[mAh] であるとき、この電池が負荷に供給できる全エネルギー W は何[J]か。

（解答）

(1) エネルギー ΔW を電荷 ΔQ と電圧 V で表すと、(1-3)式より、⑥ $\Delta W =$ ＿＿・＿＿ ＝ ＿＿×＿＿ ＝ 0.12[J]

(2) 容量 Q を[C]（クーロン）単位に直すと、
⑦ $Q=1900$[mAh] $=1.9\times 10^3 \times$ ＿＿[Ah] $=1.9\times$ ＿＿＿＿[A・s] $=6.84\times 10^3$[C]。(1-3)式より、⑧ $W=QV=$ ＿＿＿＿×＿＿ $=8.21\times 10^3$[J]

1.3(2) 電力および電力量の定義

[1] 電力

・電圧 V[V] の電池により、負荷にエネルギー $\Delta W = \Delta Q \cdot V$[J] が供給される。このとき、エネルギー供給がどれくらいの時間をかけて行われるかは、実用的に重要である。なぜなら、単位時間あたりわずかのエネルギーしか供給されなければ、電球はうっすらと光るだけで役立たないからである。

・このエネルギー ΔW[J] が、時間 Δt[s] の間に負荷に供給された（あるいは、負荷で ΔW[J] の

仕事が、時間Δt[s]の間に行われた)とする。(この節では、エネルギーを「仕事」と言い換える方が分かりやすい)。

・このときの仕事の能率を、単位時間に電気が仕事をなす能力=「⑨_____」Pと呼び、ΔWとΔtを用いて、次式で定義する。

$$⑩ \; P = \frac{\boxed{}}{\boxed{}} \left[\boxed{} / \boxed{} \right] \quad \text{(記号)} \tag{1-4}$$

(1-4)式が示すように、電力Pの単位は[J/s]であるが、これを⑪[ ]（読み方：ワット)と定義することが決められている。したがって、(1-4)式を改めて示すと、

$$P = \frac{\Delta W}{\Delta t} [\text{J/s}] \equiv [\text{W}] \tag{1-5}$$

となる。この式に$\Delta W = \Delta Q \cdot V$を代入すると、

$$P = \frac{\Delta W}{\Delta t} = \frac{\Delta Q}{\Delta t} \cdot V \quad \text{(名称)(記号)} \tag{1-6}$$

ここで、$\frac{\Delta Q}{\Delta t}$は(1-2)式より、⑫_____であるから、これを(1-6)式に代入することで、電力Pと電流I、電圧Vの関係は、

$$⑬ \; P = \underline{} \cdot \underline{} \; [\text{W}] \tag{1-7}$$

と表される。(1-7)式は、この節の最初で示した**電力＝電流×電圧**であることを表している。

[2] 電力量

・電気が行う仕事量（=負荷に供給されるエネルギー量）は、電力とそれを消費した時間の積で表される。この積=「**電力を使った量**」を、⑭_____と呼び、記号として仕事あるいはエネルギーと同じW（ダブリュー）を用いる（このWは、電力の単位[W]（ワット）と同じアルファベットを用いるので、注意を要する）。

・したがって、一定の電力P[W]がt[s]の時間だけ負荷に供給されるときの電力量Wを、Pとtで表すと、(1-5)式より、

$$⑮ \; W = \underline{} \cdot \underline{} \; [\underline{} \cdot \underline{}] (=[\text{J}]) \tag{1-8}$$

・電力量の単位には、(1-8)で示した[W・s]の代わりに、[Wh]あるいは[kWh]を用いることも多い。(1-8)式で示される電力量Wを[Wh]、[kWh]単位に直すと、それぞれ

$$⑯ \; W = \frac{P \cdot t}{\boxed{}} [\text{Wh}] \tag{1-9}$$

$$⑰ \; W = \frac{P \cdot t}{\boxed{}} [\text{kWh}] \tag{1-10}$$

となる。

< 1.3(2) 例題>

[1] 電圧$V=15$[V]の電池から電球に、$\Delta t=5$[s]あたり$\Delta Q=10$[C]の電荷が移動している。次の問いに答えよ。

(1) この電球に流れる電流Iは何[A]か。

(2) 電球の消費電力Pは何[W]か。

(3) この電荷の移動が$t=4$[h]続いたとする。このとき、電球が消費した電力量Wは何[Wh]か、また、この電力量（＝仕事）を、[J]単位で表すといくつになるか。

（解答）

(1) 電流Iを電荷ΔQと時間Δtで表すと、⑱ $I=\dfrac{\quad}{\quad}=\dfrac{\quad}{\quad}=\underline{2\text{[A]}}$、　(2) 電力$P$を電流$I$と電圧$V$で表すと、(1-6)式より、⑲ $P=\underline{\quad}\cdot\underline{\quad}=\underline{\quad}\times\underline{\quad}=\underline{30\text{[W]}}$

(3) 電力量Wを電力Pと時間tで表すと、(1-8)式より、⑳ $W=\underline{\quad}\cdot\underline{\quad}$[Wh]$=\underline{\quad}\times\underline{\quad}$[Wh]$=\underline{120\text{[Wh]}}$、この$W$の単位を[W・s]=[J]に直すと、$W=120$[Wh]$=120\times$㉑ $\underline{\quad}$[Ws]$=\underline{\quad\quad}$[Ws]$=\underline{4.32\times10^5\text{[J]}}$

< 1.3 練習問題>

[1] 電圧$V=20.3$[kV]のもとで、電荷が移動し、仕事$\Delta W=34.1$[J]が行われた。移動した電荷量ΔQは何[C]か。また、行われた仕事を[kWh]単位に直せ。いずれも科学表記により表すこと。

[2] 単三型の充電式電池の電圧は$V=1.2$[V]で、その容量Qは1900[mAh]である。この電池で、消費電力$P=2.5$[W]のゲーム機が使用できる時間tは何分間であるか。

[3] (1) 電圧 $V=100[\text{V}]$加えたとき、電流$I=6[\text{A}]$が流れるヒーターがある。このヒーターの電力$P[\text{W}]$はいくつか。

(2) ある工場では、(1)に示したヒーター2個を毎日5時間ずつ25日間使う。このときの使用電力量Wは何[kWh]か、また、それは何[J]か。

[4] ヒーターに電圧 $V[\text{V}]$を$t[\text{s}]$の間加えたとき、$W[\text{kWh}]$の仕事が行われたとする。このとき、ヒーターに流れた電流$I[\text{A}]$を、V、t、Wを用いて表せ。

1.4 オームの法則と電力、および抵抗の式

学習内容：オームの法則と抵抗の定義、抵抗を用いた電力の表現、水流との対応付けによる電気抵抗の式の導出

目　標：電気抵抗の式が理解でき、この式に基づいた抵抗値や抵抗体の半径、長さなどの計算ができる。

1.4(1) オームの法則と、抵抗で表した電力の式

・図1-6(a)のように、電圧V[V]の電池を、ある回路要素につなぐとき、その回路要素に電流I[A]が流れる（すなわち、1秒あたりI[C]の電荷の移動が生じる）とする。

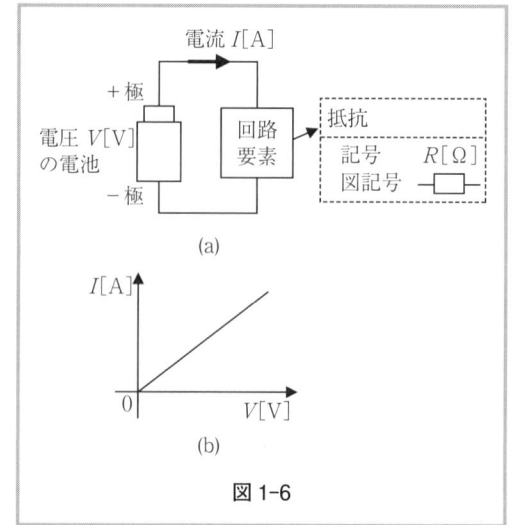

図1-6

・このとき、同図(b)のように、**電圧Vと電流Iが比例**すれば、両者の関係は、

$$V \propto I \qquad (1\text{-}11)$$

∝は「比例」示す記号

と表される。ここで(1-11)式の比例定数をRとおくと、この式は、

① $V = R \cdot \underline{}$ [V]　　(1-12)

と表される。

・この式の比例定数Rを**電気抵抗**あるいは単に②_____という。抵抗と呼ぶ理由は、(1-12)式において、電池の電圧Vが一定のとき、Rが大きいほど電流Iが小さくなる＝Rが大きいほど流れる電流の大きさが制限される、と考えるからである。

・(1-12)式を変形して、「$R=$」の式に直すと、

③ $R = \dfrac{\underline{}}{\underline{}}$ [$\underline{}$/$\underline{}$] 　　(1-13)
(記号)

となる。この式が示すように、抵抗Rの単位は[V/A]であるが、これを[④____]（読み方：オーム）と表すことが決められている。したがって、(1-13)式を改めて示すと、

$$R = \dfrac{V}{I} \, [\Omega] \qquad (1\text{-}14)$$

となる。

・(1-12)式の関係、あるいは(1-14)式の関係は**オームの法則**と呼ばれ、電気回路の計算における重要な法則である。

・さらに、抵抗Rの逆数をGと表し、Gの単位を[S]と表す。すなわち、

$$⑤\frac{1}{R}\equiv \underline{\quad[\quad]\quad} \tag{1-15}$$

このGを⑥_____と呼び、その単位[S]は⑦_____と読む。
語源：conduct（導く）

・このGを用いると、オームの法則は

$$⑧I= \underline{\quad} \cdot V[\mathrm{A}] \tag{1-16}$$

と表される。Gは交流回路において多用される。

・図1-6(a)の抵抗で消費される電力Pは、(1-7)式より、
$P=IV[\mathrm{W}]$

・この式を、オームの法則の関係を用いて、PをRとV、およびRとIを用いて表すと、

$$⑨P=\frac{\underline{\quad}}{R}=\underline{\quad}R[\mathrm{W}] \tag{1-17}$$

となる。

1.4(2) 抵抗の式

・図1-7に示す管において、水の流れにくさと、管の断面積S（断面は円とする）および長さLとの比例関係は、

⑩ 水の流れにくさ ∝ _____

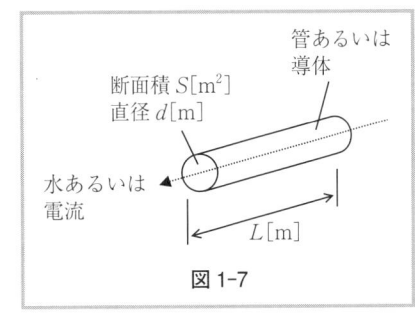

図1-7

・水の流れにくさと、電流の流れにくさを対応させて、

⑪ 電流の流れにくさ（すなわち抵抗R）∝ _____

・この比例式において、比例定数をρ（読み方：ロー）とおいて、抵抗Rをρ, S, Lで表すと、

$$⑫R=\rho \cdot \underline{\quad}[\Omega] \tag{1-18}$$

さらに、面積Sを直径dで表すと、⑬$S=\underline{\quad}/\underline{\quad}$ ゆえ、Rをρ, d, π, Lで表すと、

$$⑭R=\frac{\underline{\quad}}{\underline{\quad}}=\frac{4\rho L}{\pi d^2}[\Omega] \tag{1-19}$$

となる。ここで、(1-18)式を$\rho=$の式に直すと、

⑮ $\rho = \dfrac{\fbox{}}{\fbox{}}$ [＿＿／＿＿] = [Ωm] (1-20)

と表され、この ρ を⑯＿＿＿＿＿＿という。

代表的な材料の抵抗率 ρ (20℃)	
ニクロム	109×10^{-8} [Ωm]
銅	1.72×10^{-8} [Ωm]

< 1.4 例題 >

[1] 電流 $I=2.0$ [A] が流れている抵抗 R [Ω] の消費電力は $P=20$ [W] である。その抵抗値およびコンダクタンス G [S] はいくらか。また、この抵抗の両端に $V=30$ [V] の電圧を加えた場合の消費電力 P はいくらか。

（解答）電力 P を電流 I と抵抗 R で表すと、(1-17)式より、⑰ $P=\fbox{}$、∴ ⑱ $R=\dfrac{\fbox{}}{\fbox{}}$

$=\dfrac{\fbox{}}{\fbox{}}=\underline{5[\Omega]}$、コンダクタンスは抵抗 R で表すと、⑲ $G=\dfrac{\fbox{}}{\fbox{}}=\dfrac{1}{\fbox{}}=\underline{0.2[S]}$、電力 P を電圧

V、抵抗 R で表すと、⑳ $P=\dfrac{\fbox{}}{\fbox{}}=\dfrac{\fbox{}}{\fbox{}}=\underline{180[W]}$

[2] $V=100$ [V] の電圧を加えたとき、消費電力 P が 500 [W] のヒーターをつくりたい。**(1)** ヒーターの抵抗 R [Ω] はいくらにすべきか。**(2)** この抵抗を、直径 $d=1.0$ [mm] の円形断面のニクロム線（抵抗率 $\rho=109\times10^{-8}$ [Ωm]）でつくるとき、ニクロム線の長さ L は何 [m] 必要か。

（解答）**(1)** 電力 P を電圧 V と抵抗 R で表すと、㉑ $P=\fbox{}$、∴ ㉒ $R=\dfrac{\fbox{}}{\fbox{}}=\dfrac{\fbox{}}{\fbox{}}$

$=\underline{20[\Omega]}$

(2) 抵抗 R をニクロム線の直径 d、長さ L、抵抗率 ρ で表すと、(1-19)式より、

㉓ $R=\dfrac{\fbox{}}{\fbox{}}$、∴ ㉔ $L=\dfrac{\fbox{}}{\fbox{}}=\dfrac{\fbox{}}{\fbox{}}=\underline{14.4[m]}$

< 1.4 練習問題 >

[1] 電圧 $V_1=100$ [V] を加えたときに電力 P_1 が 2 [kW] のヒーターに、$V_2=80$ [V] の電圧を加えたら消費電力 P_2 [W] はいくらになるか。ただし、ヒーターの抵抗 R [Ω] の値は一定とする。

[2] 抵抗R[Ω]に電流I_1[A]を流したときの電力がP_1[W]である。この抵抗に、電流I_2[A]を流したときの電力P_2[W]を与える式を求めよ。抵抗Rの値は一定とする。

[3] この問題では、答えに$\sqrt{}$（ルート）を含む場合は、そのまま残すこと。
(1) ヒーターをt[s]間使用したときの電力量がW[kWh]であった。このヒーターの電力P[W]を与える式を示せ。(2) このヒーターの抵抗がR[Ω]であるとき、ヒーターに加えられている電圧V[V]を与える式を、W, t, Rを用いて示せ。

[4] 電圧V_0[V]、電力P_0[W]の電熱器のニクロム線の長さを$\frac{2}{3}$に切り縮めたものに、電圧V[V]を加えるときの電力P[W]を、V, V_0, P_0で表す式を求めよ。

[5] 電圧$V=100$[V]、電力$P=500$[W]のストーブを設計したい。材料には、抵抗率$\rho=109\times10^{-8}$[Ωm]、長さ$L=20$[m]、そして断面が円形である一様な太さのニクロム線を用いる。このニクロム線の直径d[m]はいくらにすべきか。πは具体数字（電卓のπキーまたは、3.1416）を用い、答えは科学表記で表すこと。

1.5 電圧と電流の方向、および2点間の電圧計算

学習内容：電源と抵抗における電流と電圧の方向の関係、2点間の電圧計算の方法
目　標：2点間の電圧計算ができる。

1.5(1) 直流電圧源の表示

図1-8を用いて、電池に代表される「直流電圧源」の表示の仕方を説明する。

・直流電圧源の図記号は、同図に示す ─┤├─ を用いる。
・**電圧（電位差）の存在は矢印で示す**。このとき、矢印は、**その根が電圧の基準点となるように書く**。例えば、「b点を基準とするa点の電圧」を表す場合は、矢印の根をb点に、矢印の先をa点にとって矢印を書く（図1-8）。
・矢印の横には、電圧記号Vを記入する。このとき、「矢印の根（＝基準点）の電位＜矢印の先の電位」の場合、Vの符号は＋（正）となる。例えば、図1-8のように、矢印の根を電圧源（電圧は1.5[V]とする）の－極にとり、矢印の先を＋極にとった場合は、「－極の電位＜＋極の電位」ゆえ、$V=+1.5[V]$となる。
・電圧の存在を示す矢印とその方向は、**抵抗に加わる電圧**についても、電源電圧と同じ意味で用いる。

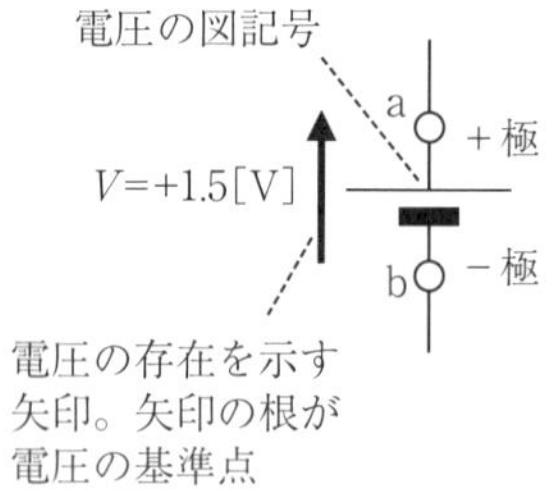

図1-8　直流電圧源の表示

注意：「電圧源の電圧」を「起電力」といい、記号としてEを用いる場合があるが、本書では、「**電圧源の電圧**」という言い方を用い、**記号はVを用いる**。

1.5(2) 任意の2点間の電圧の示し方

・回路計算においては、回路中の任意の2点間の電圧を指示したい場合がある。その場合は、上述の矢印を用いるか、もしくは**電圧記号Vに添え字をつける**。添え字をつける場合は、**後ろ側の添え字に電圧の基準点を書く**。
・例えば、図1-9に示すV_{ab}およびV_{ba}がその例である。同図(a)の場合、V_{ab}であるから、bが後ろ側の添え字である。したがって、b点基準のa点の電圧を示すことになる。この場合、電池の電圧Vの矢印と、V_{ab}の矢印は①　同、逆方向ゆえ、

$V_{ab}=V=$ ②　1.5[V]、-1.5[V]となる。

・同図(b)の場合は、V_{ba}であるから、a点基準のb点の電圧を示している。
このとき、電池の電圧Vの矢印と、V_{ba}の矢印は③　同、逆方向ゆえ、

$V_{ba}=-V=$ ④　1.5[V]、-1.5[V]となる。

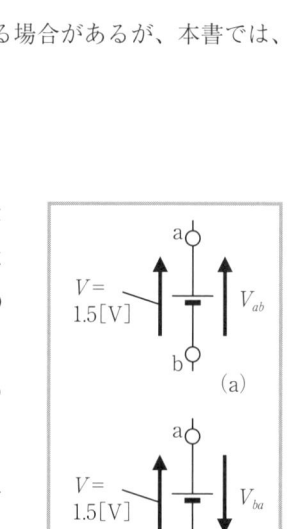

図1-9

1.5(3) 単一電圧源における電流の方向と符号

・単一電圧源においては、電源電圧の方向と、電流の方向が一致するとき、**電流の符号**は、⑤ 正、負（符号＋、－）となる（∵1.2節で、電流は、電池の＋極からの正の電荷の流れと決めた）。したがって、図1-10(a)のように電流の方向をとるとき、電流を与える式は、⑥ $I=\boxed{}$ [A] となる。

・一方、同図(b)のように、電圧源と逆方向に電流の方向をとると、電流を与える式は、⑦ $I=\boxed{}$ [A] となる。

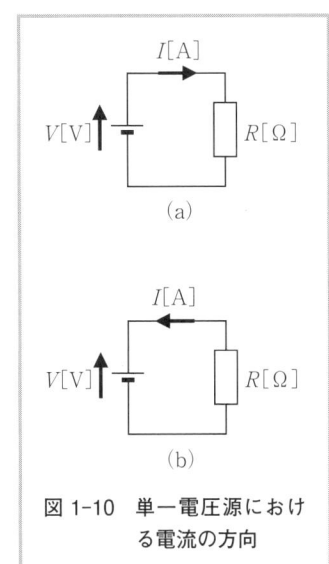

図1-10 単一電圧源における電流の方向

1.5(4) 電流の方向と抵抗に加わる電圧の方向の関係

・図1-11の回路で、図のように電流の方向をとるとき、電流は $I=\dfrac{V}{R}$ [A]となる。この電流により、抵抗Rには、オームの法則にしたがい、$RI=V$ [V]の電圧が加わる（発生する）。このとき、その電圧の方向は、電流の方向と同じ(b'→a'、↓)、あるいは逆(a'→b'、↑)のどちらになるだろうか？

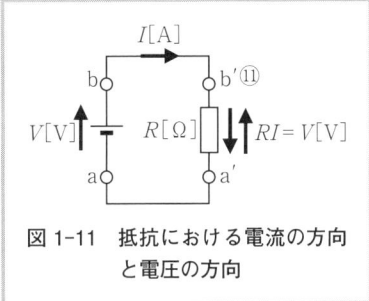

図1-11 抵抗における電流の方向と電圧の方向

・ここで、2点間の電圧V_{aa}を考える。このV_{aa}は、電圧の基準点aと電圧を調べる先（終点ということにする）aが同じゆえ、明らかに⑧ 0、V[V]である。一方、

・電圧V_{aa}を、a点を基準点として、右回りにa点まで調べると、

(ア) Rに加わる電圧の方向が、仮にb'→a'、↓であるとすると、

⑨ $V_{aa}=V+V=2V$、$V_{aa}=V-V=0$ [V]となる。

(イ) Rに加わる電圧の方向が、仮にa'→b'、↑であるとすると、

⑩ $V_{aa}=V+V=2V$、$V_{aa}=V-V=0$ [V]となる。

この結果から、上述の$V_{aa}=0$ [V]と合致するのは、⑪ (ア)、(イ) の場合（図1-11において、矢印を選択せよ）、すなわち、電流の流れる方向と逆方向に、抵抗に加わる電圧が発生する場合となる。

・以下をまとめて、次のように表すことにする。

抵抗においては、「電流の方向」と、それが流れることによって生じる「抵抗に加わる電圧の方向」は常に⑫ 同じ、逆となる*1。

（注意：電圧源においては、電流と電圧の方向が同じ場合も逆の場合もある*2）

*¹ 図1-11において、**抵抗に加わる電圧の方向を、電流と同方向**、すなわちb'→a'，↓とした場合（図1-12）は、「抵抗に加わる電圧」の符号を**負、すなわち−RI**としなければならない（そうしないと、$V_{aa}=0$が成り立たない）。

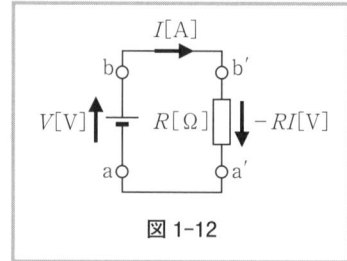

図1-12

*² 電圧源における、電流と電圧の方向
・図1-13のように、電圧の大きさが同じで、方向が異なる3つの電圧源a,b,cが直列に接続されたとき、回路には図の方向に電流$I=\dfrac{V+V-V}{R}=\dfrac{V}{R}$が流れる。このとき、電圧源$a,b$の電圧の方向は、電流の方向と同じ、電圧源$c$の電圧の方向は、電流の方向と逆になる。

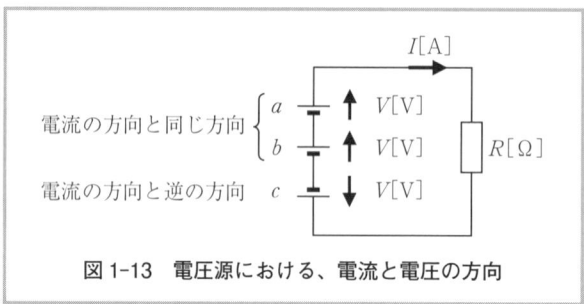

図1-13 電圧源における、電流と電圧の方向

＜1.5(4) 例題＞

[1] 図1-14(a),(b)のように、電流Iが抵抗Rに流れるとき、Rに加わる（生じる）電圧の方向（矢印）を図の⑬□に（同図(a)は記入済み）、電圧の値を⑭___に、それぞれ記入せよ。
（解答）
・電流の流れる方向と⑮同じ、逆方向に矢印を向け、電圧は抵抗×電流で求める。

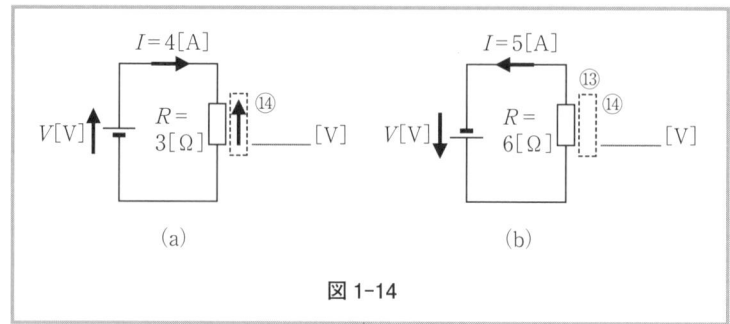

図1-14

1.5(5) 2点間の電圧計算

・今後、電気回路についての種々の解法を理解する上で、電圧源や抵抗が存在する回路の任意

の2点間の電圧を計算することが必要になる。そこで、図1-15において、A点を基準点とするC, D, Eの各点の電圧、すなわち、V_{CA}, V_{DA}, V_{EA}を計算することを考える。

(ⅰ) まず、基準点から電圧を調べる先（終点）に向かう、電圧の矢印（**電圧を調べる経路の矢印**と言い換えることもできる）を記入する（図には、例としてV_{CA}を記入済みである。⑯ V_{DA}, V_{EA}についての矢印を記入せよ）。

(ⅱ) 電圧を調べる経路に存在する電圧源には**電圧の矢印を**⑰□の中に（AB間にある1.5[V]については記入済み）、抵抗については、**電圧の矢印を**⑱□**に、電圧の値を**⑲___ **に記入せよ**（この記入作業が、**電圧計算の誤りを防ぐコツ**）。

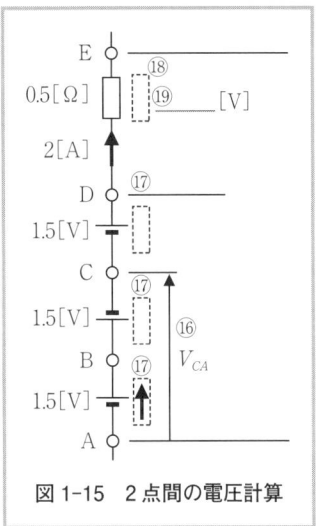

図1-15　2点間の電圧計算

(ⅲ) 電圧源の電圧および抵抗に加わる電圧のうち、2点間の電圧を示す矢印（**経路の矢印**）と、**同方向の電圧**は、その符号を⑳ +、-（プラス、マイナス）、**逆方向の電圧**は、その符号を㉑ +、-（プラス、マイナス）として、加算する。
すなわち、

　　A点基準のC点の電圧　$V_{CA} = 1.5 + (-1.5) = \underline{0[V]}$

　　A点基準のD点の電圧 ㉒ $V_{DA} = V_{CA} + \_\_\_ = \_\_\_ + \_\_\_ = \underline{1.5[V]}$

　　A点基準のE点の電圧 ㉓ $V_{EA} = \_\_\_ + \_\_\_ = \_\_\_ + \_\_\_ = \underline{0.5[V]}$

(ⅳ) なお、

> 2点間の電圧は、**基準点と終点が同じであれば、経路によらず同じ値になる**（1.5練習問題[3], [4]参照）。

<1.5 練習問題>

[1] 問図1-1(a), (b), (c)の回路(1), (2), (3)それぞれについて、a点基準のb点の電圧V_{ba}、およびa点基準のc点の電圧、$V_{ca}[V]$をそれぞれ求めよ。このとき、電圧源には電圧の矢印を、抵抗については、電圧の矢印と電圧の大きさを図記号の横に記入すること。

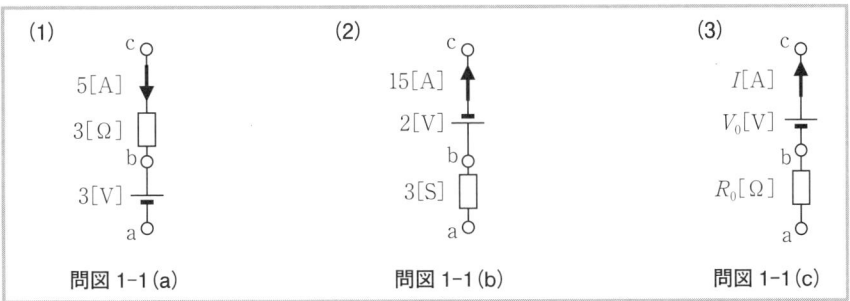

問図1-1(a)　　　問図1-1(b)　　　問図1-1(c)

[2] 問図 1-2 の回路において、A 点基準の B 点の電圧 V_{BA}[V] を求めよ

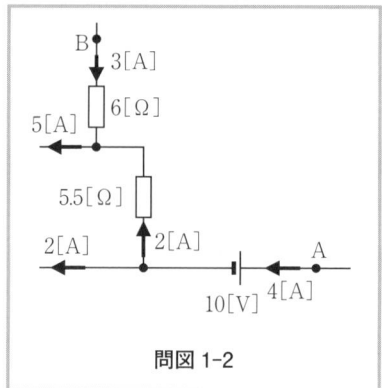

問図 1-2

[3] 問図 1-3 において、経路 cba および cda に沿って電圧 V_{ac}[V] をそれぞれ求め、それらが一致することを確認せよ。

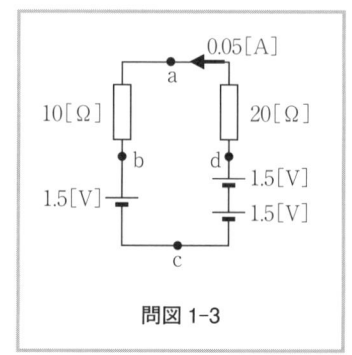

問図 1-3

[4] 問図 1-4 において、経路 AFGB および ACDB に沿って電圧 V_{BA} をそれぞれ求め、それらが一致することを確認せよ。

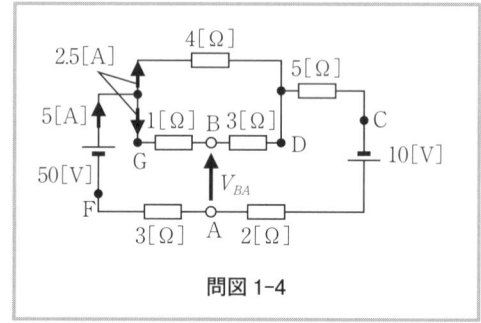

問図 1-4

[3]および[4]の問題により、2 点間の電圧は、基準点と終点が同じであれば、**経路によらず同じになる**ことが確認できる。

1.6 定電圧等価回路（等価電圧源）

学習内容：実際の電圧源の特性にもとづく、定電圧等価回路（等価電圧源）の決定
目　　標：定電圧等価回路の構成要素である開放電圧（起電力）と、内部抵抗が計算できる。また、それにつながる回路の電流計算ができる。

- 電池などの実際の電圧源は、回路を構成する要素の一つである。それを回路図上に表すとき、どのような構成とするのが適切であろうか。図1-8に示した電圧源の記号 ─┤├─ だけで表せるであろうか、それとも何か工夫がいるのであろうか。
- ここでは、まず、実際の電圧源の特性を調べ、その結果をもとに、**「実際の電圧源を表すのに適した、できるだけ簡単な回路」**を決定する。以下、実験データを踏まえながら考える。（この節は、簡単な実験を行い、その結果をもとに考察する構成としている。実験を行うのが望ましいが、それが難しい場合のために、筆者らが測定したデータを参考資料として記載しておく。このデータをグラフに記入して、この節の学習に利用して欲しい）。

1.6(1) ＜実験＞実際の電圧源の電流-電圧特性

- 実際の電圧源として、アルカリ乾電池と太陽電池を取り上げる。
- その電流-電圧特性を得るために、図1-16の実験回路に示すように、値の分かっている抵抗$R[\Omega]$を電圧源に接続し、電圧源の出力端子（a,b 端子）間の電圧$V[V]$をテスターで測定する。
- Rの値は、表1-1（アルカリ乾電池用）および表1-2（太陽電池用*）に示す、規格値の抵抗を用意し、そ

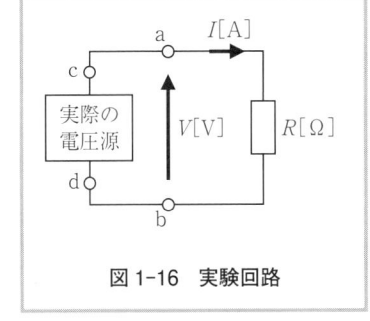

図1-16　実験回路

の値をテスターで実測して得る（① 測定値の欄に記入する）。なお、4つの抵抗値のうち、∞（無限大）は、ab 端子間に何もつながない状態をいう。
- 実験は2回行い電圧Vについて平均値を求める。
- この電圧の平均値を抵抗Rで除すことで回路に流れる電流$I[A]$を求める。
- アルカリ乾電池、太陽電池の測定データを、それぞれ② 図1-17(1)、同(2)にプロットし、データを結んだ**近似直線**を引く。
- 太陽電池の実験ついては、光の照射条件ができるだけ一定になるように工夫する。
- 測定値、計算値の桁数は、アルカリ乾電池については4桁、太陽電池については3桁とすること。
- 表1-1および表1-2に示した**参考資料**（電圧と電流）は、筆者らが行った実験のデータである。

*太陽電池は、製品によって、その特性が大きく異なる場合がある。このため、表1-2の

抵抗Rは、抵抗を4つの値に変えたとき、電圧の変化が見られるような値に適宜、変更すること

①表1-1 アルカリ乾電池の電流-電圧特性

負荷抵抗 $R[\Omega]$		電圧 $V[V]$			電流 $I[A]$	参考資料	
規格値	測定値	第1回目	第2回目	平均値		電圧 $V[V]$	電流 $I[A]$
∞					0	1.511	0
330						1.507	2.39×10^{-3}
150						1.504	4.07×10^{-3}
91						1.500	6.73×10^{-3}

①表1-2 太陽電池の電流-電圧特性

負荷抵抗 $R[\Omega]$		電圧 $V[V]$			電流 $I[A]$	参考資料	
規格値	測定値	第1回目	第2回目	平均値		電圧 $V[V]$	電流 $I[A]$
∞					0	1.226	0
43×10^3						1.130	2.57×10^{-5}
22×10^3						1.035	4.81×10^{-5}
12×10^3						0.901	7.54×10^{-5}

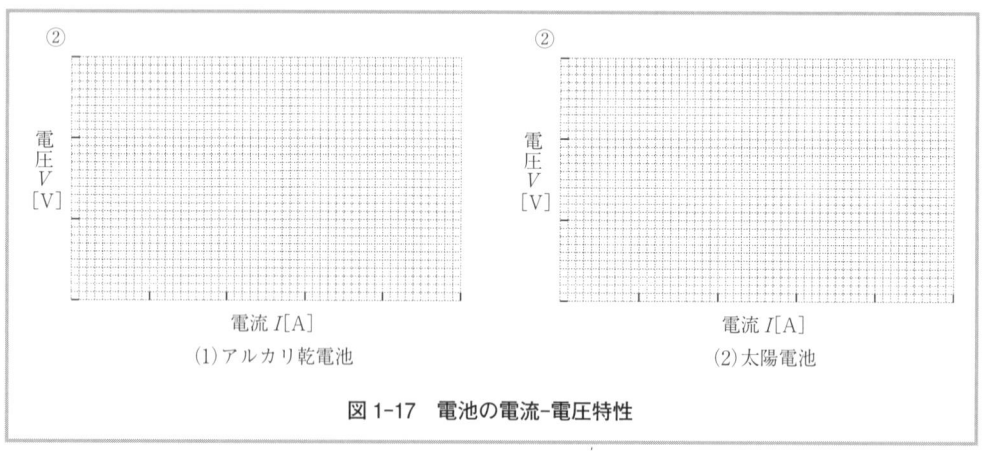

図1-17 電池の電流-電圧特性

1.6(2) 定電圧等価回路（等価電圧源）

・実験により得られた、図1-17(1),(2)の電流-電圧特性から、右に示した図1-16（再掲）の「実際の電圧源を表すのに適した、できるだけ簡単な構成の回路」を考える。

・そのために、一次関数のグラフである図1-18と、前述の図1-17(1),(2)の模式図である図1-19を対応させる。

・図1-18において、$a(>0)$はグラフの傾き、$x=0$におけるyの値（切片）はbであるから、このグラフの式は、③$y=$_____となる。

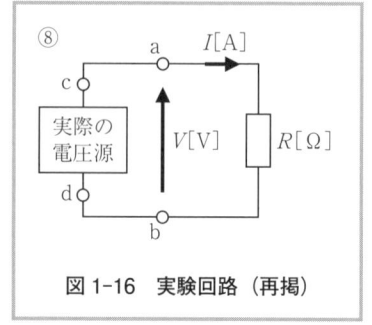

図1-16 実験回路（再掲）

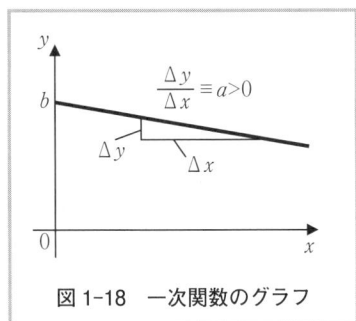

図1-18 一次関数のグラフ

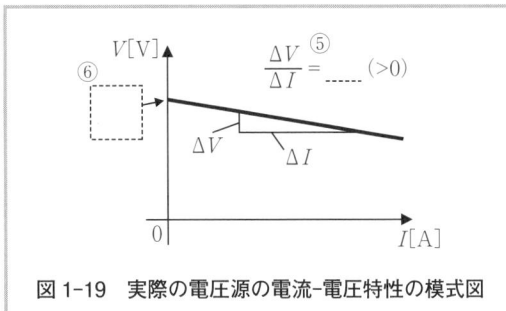

図1-19 実際の電圧源の電流-電圧特性の模式図

- 一方、図1-19において、グラフの傾き$\frac{\Delta V}{\Delta I}$は、オームの法則より④＿＿＿＿＿を表すから、その記号を$R_0[\Omega]$と表す（⑤同図に記入）。$I=0$におけるVの値（切片）を$V_0[V]$と表す（⑥同図に記入）。
- 以上から、図1-18にならって、a,b端子間電圧VをV_0, R_0および電流Iで表すと

    ⑦ $V=$ ＿＿＿＿＿[V]   (1-21)

    となる。
- では、(1-21)式の特性を示す、「実際の電圧源を表すのに適した、できるだけ簡単な回路」はどのような構成とすべきであろうか（右の余白を使い各自で考えてみよう）。

<考えるための余白>

- ここで、(1-21)式のVが、図1-16において、**bdca を経路とするb点基準のa点の電圧**であることに着目すると、
- その経路を示す矢印と同方向に「電圧V_0の電圧源」が存在し、かつ、「$R_0 I$という抵抗に加わる電圧」が、経路の矢印と逆方向に存在しなければならない。
- したがって、(1-21)式の特性を示す回路を記述すると、図1-20の＿内の回路になる（⑧＿内に回路を記入せよ）。
- この＿内の回路は、実際の**電圧源と等価**である（同じ働きをする）と考え、これを、⑨＿＿＿＿＿＿＿＿または、電圧源は**一定**の**電圧**を供給するためのものであり、その**等価回路**であるという意味から、

    ⑩ ＿＿＿＿＿＿＿＿＿＿ という

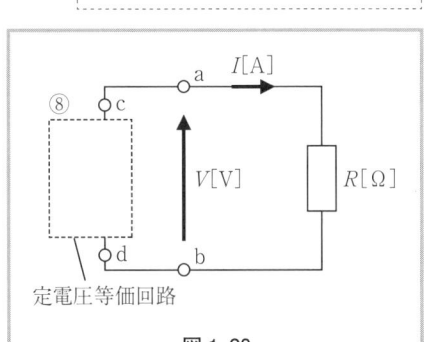

定電圧等価回路

図1-20

- ここで、定電圧等価回路の端子電圧Vを表す(1.21)式を再掲し、その構成要素を定義する。

$$V = V_0 - R_0 I \,[V] \quad\quad\quad (1\text{-}21)(再掲)$$

この式において、

- $R_0[\Omega]$は、電圧源の**内部**にある**抵抗**という意味から、⑪ ＿＿＿＿＿＿＿＿＿＿ という。
- $V_0[V]$は、a端子から流れ出る電流が0、すなわち、a,b端子間を**開放**したときに表れる**電圧**ゆえ⑫ ＿＿＿＿＿＿＿＿＿＿ という。
- 先に、1.5(1)項で「電圧源の電圧」を定義し、図記号として ⊥ を用いるとした。このときは触れなかったが、上述のように実際の電圧源を、電圧源記号 ⊥ と内部抵抗R_0の直列回路で表すということは、⊥ で表す電圧源自身は、その内部抵抗が0であることを意味している。
- 内部抵抗が0である電圧源は実際には存在しないが、もし、存在すれば、取り出す電流がいくら増加しても一定電圧を出力できるので、**理想的な電圧源**といえる。したがって、上述した「開放電圧がV_0である電圧源は、理想的電圧源」ということになる。
- 以下では、「開放電圧がV_0である電圧源」を「**開放電圧V_0**」と表記することにする。なお、1.5(1)項で示した「**起電力**」は、ここで述べた理想的な電圧源に該当するので、本書では、「**開放電圧（起電力）**」という表し方も併用する。
- 定電圧等価回路についてまとめたものを図1-21に示す。

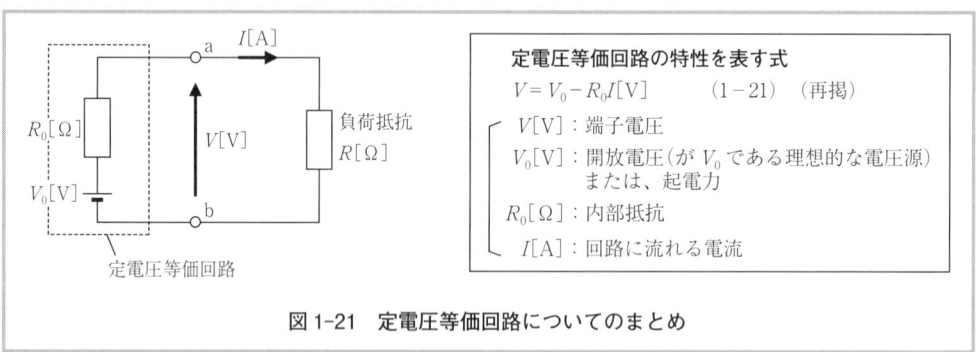

図1-21 定電圧等価回路についてのまとめ

<1.6 例題>

[1] 図1-22の特性を持つ電圧源の開放電圧（起電力）$V_0[V]$と内部抵抗$R_0[\Omega]$を求めよ。

（解法）

- 電圧源の端子電圧Vを、回路に流れる電流I、電圧源の開放電圧V_0および内部抵抗R_0で表すと、(1-21)式より、

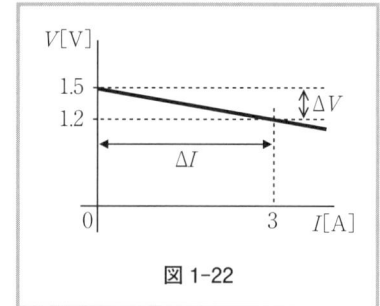

図1-22

⑬ $V=$ ＿＿＿＿＿＿＿ 、この式において、

⑭ $I=$ ＿＿ のときのVが開放電圧ゆえ、同図より、$V_0=\underline{1.5[V]}$、内部抵抗R_0をΔIとΔVで表すと、⑮ $R_0=$  $=$  $=\underline{0.1[\Omega]}$

[2] ある電池の端子間に抵抗を接続したところ、抵抗に電流$I=2[A]$が流れ、電池の端子間の

電圧は$V=1.6[V]$になった。この電池の開放電圧（起電力）が$V_0=2[V]$であるとすると、電池の内部抵抗$R_0[\Omega]$はいくつになるか。

（解法）・電圧源の端子電圧Vを、V_0, R_0, Iで表すと、⑯ $V=$ _____

⑰ $\therefore R_0 = \dfrac{\rule{2cm}{0.4pt}}{\rule{2cm}{0.4pt}} = \dfrac{\rule{2cm}{0.4pt}}{\rule{2cm}{0.4pt}} = \underline{0.2[\Omega]}$

<1.6 練習問題>

[1] 図1-17(1)および(2)の特性から、それぞれの電池について、定電圧等価回路の構成要素である開放電圧（起電力）$V_0[V]$と内部抵抗$R_0[\Omega]$を決定せよ（本問の解答例には、表1-1および表1-2に示した参考資料から求めたV_0, R_0を示してある）。

[2] 開放電圧（起電力）$V_0=6[V]$、内部抵抗$R_0=0.4[\Omega]$の電池の端子間に抵抗$R[\Omega]$を接続したとき、この抵抗に流れる電流が$I=3[A]$であった。電池の端子間電圧Vとつないだ抵抗Rの値を求めよ。

[3] 電池の端子間に抵抗を接続したところ、抵抗に電流$I=5$[A]が流れ、電池の端子間の電圧は$V=0.7$[V]になった。また、別の抵抗をつないだところ、2[A]の電流が流れ、端子間電圧は1[V]になった。この電池の開放電圧（起電力）V_0[V]および内部抵抗R_0[Ω]を求めよ。この問題では、連立方程式の解法に、**加減法**を用いること（加減法は、代入法に比べ、特に、文字式の計算において計算ミスを少なくできる計算法である。早めに練習しておくことをすすめる）。

```
加減法による連立方程式の解法の例
3x+5y=14…(1)              ∴   y=1
2x-7y=-1…(2)              未知数yを消去
未知数xを消去するために、    (1)×7+(2)×5
xの係数が同じ値になるよう    21x+35y=98
に、もとの式を何倍かしてか  +)10x-35y=-5
ら、加算あるいは減算する    31x    =93
(1)×2-(2)×3              ∴   x=3
    6x+10y=28
  -)6x-21y=-3
    31y= 31
```

[4] 電池に抵抗をつないだところ、電流I_1[A]が流れ、電池の端子間電圧がV_1[V]となった。この電池に別な抵抗をつないだところ、電流I_2[A]が流れ、電池の端子間電圧がV_2[V]となった。この電池の起電力（開放電圧）V_0[V]と内部抵抗R_0[Ω]を、I_1, I_2, V_1, V_2を用いてそれぞれ表せ。連立方程式の解法には、**加減法**を用いること。

[5] 電池の端子間に抵抗$R_1=2.2[\Omega]$を接続したところ、端子間の電圧は$V_1=8.8[V]$になった（条件1）。次に、同じ電池の端子間に抵抗$R_2=5.2[\Omega]$を接続したところ、端子間の電圧は$V_2=10.4[V]$になった（条件2）。この電池の開放電圧（起電力）$V_0[V]$と内部抵抗$R_0[\Omega]$を求めよ。

[6] 電池に可変抵抗Rを接続し、電流Iが8[A]流れるようにしたところ、電池の端子間電圧Vは64[V]になった（条件1）。可変抵抗を調節し3[Ω]にしたところ、この抵抗の電力Pは768[W]になった（条件2）。この電池の開放電圧（起電力）$V_0[V]$と内部抵抗$R_0[\Omega]$を求めよ。

解　答

第1章

1.1 数の取り扱い

< 1.1 練習問題 >

[1] (1) $\underline{3.198 \times 10^3}$　(2) $\underline{5.4 \times 10^{-3}}$
　　(3) $\underline{1.54 \times 10^5}$　(4) $\underline{2.39 \times 10^3}$

[2] $Y = 0.15 [\text{mg}] = 1.5 \times 10^{-1} \cdot 10^{-3} [\text{g}]$
　　$= 1.5 \times 10^{-4} \equiv 1.5 \times 10^x$　∴ $\underline{X = -4}$

　　三本線は「定義」であることを示す記号

[3] $V = 500 [\text{km/h}] = 5 \times 10^2 \times 10^3 [\text{m/h}]$
　　$= \dfrac{5 \times 10^5}{3600} [\text{m/s}] = \underline{1.39 \times 10^2 [\text{m/s}]}$

[4] $1[\text{m}] = 10^3 [\text{mm}]$ ゆえ、
　　$V = 8[\text{m}^3] = 8[(10^3[\text{mm}])^3] = 8 \times 10^9 [\text{mm}^3]$
　　$\equiv 8 \times 10^d [\text{mm}^3]$　　∴ $\underline{d = 9}$

[5] $1[\text{cm}] = 10^{-2}[\text{m}]$、$1[\text{g}] = 10^{-3}[\text{kg}]$ ゆえ、
　　$\rho = 19.3 [\text{g/cm}^3] = 19.3 [(10^{-3}[\text{kg}])/(10^{-2}[\text{m}])^3]$
　　$= 19.3 \times \dfrac{10^{-3}}{10^{-6}} [\text{kg/m}^3] = \underline{1.93 \times 10^4 [\text{kg/m}^3]}$

1.2 電荷と電流

① 電荷　② $b = \dfrac{\Delta a}{\Delta t} [\text{m}^3/\text{s}]$　③ $\underline{Q}$　④ $\underline{[\text{C}]}$

⑤ クーロン　⑥ $\underline{I}$　⑦ $I = \dfrac{\Delta Q}{\Delta t} [\text{C/s}]$　⑧ $\underline{[\text{A}]}$

⑨ $\underline{10^{-2}}$ $\underline{10^{-4}}$ 10^{-8}

< 1.2 例題 >

⑩ $\Delta Q = \underline{I} \cdot \Delta t = \underline{10} \times \underline{20}$

< 1.2 練習問題 >

[1] $I = \dfrac{Q}{t}$ より、$Q = I \cdot t = 1 \times 1 [\text{A} \cdot \text{h}]$
　　$= 1 \times 3600 [\text{A} \cdot \text{s}] = \underline{3600 [\text{C}]}$

[2] $I = \dfrac{Q}{t}$ より、$t = \dfrac{Q}{I} = \dfrac{2.7 \times 10^3}{3.0 \times 10^3} [\text{s}]$

　　$= \dfrac{2.7}{3.0 \times 3600}[\text{h}] = 2.5 \times 10^{-4}[\text{h}] \equiv a \times 10^b [\text{h}]$
　　∴ $\underline{a = 2.5}$　$\underline{b = -4}$

[3] $\Delta Q = I \cdot \Delta t = 3.45 \times 10^{-6} \times 45.6 \times 10^{-3} [\text{A} \cdot \text{s}]$
　　$= 1.5732 \times 10^{-7} [\text{C}] = \underline{1.57 \times 10^{-7} [\text{C}]}$

　　$= \dfrac{1.5732 \times 10^{-7}}{3600} [\text{Ah}] = \underline{4.37 \times 10^{-11} [\text{Ah}]}$

1.3 電位、電圧、電力および電力量

1.3(1) 電位、電位差および電圧の定義

① 電位　② $[\text{V}]$　③ 電位差　④ 電圧

⑤ $\Delta W = \Delta Q \cdot \underline{V}$

< 1.3(1) 例題 >

⑥ $\Delta W = \underline{\Delta Q} \cdot \underline{V} = \underline{0.1} \times \underline{1.2}$

⑦ $Q = 1.9 \times 10^3 \underline{10^{-3}} [\text{Ah}] = 1.9 \times \underline{3600} [\text{A} \cdot \text{S}]$

⑧ $W = QV = \underline{6.84 \times 10^3} \times \underline{1.2}$

1.3(2) 電力および電力量の定義

⑨ 電力　⑩ $P = \dfrac{\Delta W}{\Delta t} [\text{J/s}]$　⑪ $[\text{W}]$　⑫ 電流 I

⑬ $P = \underline{I} \cdot \underline{V} [\text{W}]$　⑭ 電力量

⑮ $W = \underline{P} \cdot t [\text{W} \cdot \text{s}] (= [\text{J}])$

⑯ $W = \dfrac{P \cdot t}{3.6 \times 10^3} [\text{Wh}]$　⑰ $W = \dfrac{P \cdot t}{3.6 \times 10^6} [\text{kWh}]$

< 1.3(2) 例題 >

⑱ $I = \dfrac{\Delta Q}{\Delta t} = \dfrac{10}{5}$　⑲ $P = \underline{IV} = \underline{2} \times \underline{15}$

⑳ $W = \underline{Pt} = \underline{30} \times \underline{4}$

㉑ $W = 120 \times \underline{3600} [\text{W} \cdot \text{s}] = \underline{4.32 \times 10^5 [\text{W} \cdot \text{s}]}$

< 1.3 練習問題 >

[1] $\Delta Q = \dfrac{\Delta W}{V} = \dfrac{34.1}{20.3 \times 10^3} [\text{C}] = \underline{1.68 \times 10^{-3} [\text{C}]}$

　　$\Delta W = 34.1 [\text{J}] = 34.1 [\text{W} \cdot \text{s}] = 34.1 \times 10^{-3}$
　　$\times \dfrac{1}{3600} [\text{kWh}] = \underline{9.47 \times 10^{-6} [\text{kWh}]}$

[2] $W = QV = 1900 \times 10^{-3} \times 3600 [\text{C}] \times 1.2 [\text{V}]$
　　$= 8.208 \times 10^3 [\text{J}] = 8.208 \times 10^3 [\text{W} \cdot \text{s}] = \dfrac{8.208 \times 10^3}{60}$

　　$[\text{W分}] = 1.368 \times 10^2 [\text{W分}]$　$W = Pt$ より、$t = \dfrac{W}{P}$

$= \dfrac{1.368 \times 10^2}{2.5}$[分]$=\underline{54.7\text{[分]}}$

[3] (1) $P = IV = 6 \times 100 = \underline{600\text{[W]}}$ (2) 時間を t とする。ヒーター2個の電力は $2P$ ゆえ、

$W = 2Pt = 2 \times 600 \times 5 \times 25 \text{[Wh]} = 1.5 \times 10^5 \text{[Wh]}$

$= 1.5 \times 10^5 \times 10^{-3} \text{[kWh]} = \underline{1.5 \times 10^2 \text{[kWh]}}$

$= 1.5 \times 10^5 \times 3600 \text{[W·s]} = \underline{5.4 \times 10^8 \text{[J]}}$

[4] $W\text{[kWh]} = W \times 10^3 \times 3600 \text{[W·s]} = IV \cdot t \text{[W·s]}$

$\therefore \underline{I = \dfrac{3.6 \times 10^6 W}{Vt}}\text{[A]}$

1.4 オームの法則と電力、および抵抗の式

1.4(1) オームの法則と抵抗で表した電力の式

① $V = R \cdot \underline{I}$ ②<u>抵抗</u> ③ $R = \dfrac{V}{I}\underline{\text{[V/A]}}$ ④$\underline{\text{[Ω]}}$

⑤ $\dfrac{1}{R} = \underline{G}\text{[S]}$ ⑥<u>コンダクタンス</u>

⑦<u>ジーメンス</u> ⑧ $I = \underline{G}V\text{[A]}$

⑨ $P = \dfrac{V^2}{R} = \underline{I^2 R}\text{[W]}$

1.4(2) 抵抗の式

⑩ $\propto \dfrac{L}{S}$ ⑪ $\propto \dfrac{L}{\underline{S}}$ ⑫ $R = \rho \dfrac{L}{\underline{S}}\text{[Ω]}$ ⑬ $S = \underline{\pi d^2/4}$

⑭ $R = \dfrac{\rho L}{\underline{\pi d^2/4}} =$ ⑮ $\rho = \underline{\dfrac{RS}{L}}\text{[Ωm}^2/\text{m]}$ ⑯抵抗率

< 1.4 例題 >

⑰ $P = \underline{I^2 R}$ ⑱ $R = \dfrac{P}{I^2} = \dfrac{20}{2^2}$ ⑲ $G = \dfrac{1}{R} = \dfrac{1}{5}$

⑳ $P = \dfrac{V^2}{R} = \dfrac{30^2}{5}$ ㉑ $P = \dfrac{V^2}{R}$ ㉒ $R = \dfrac{V^2}{P} = \dfrac{100^2}{500}$

㉓ $R = \dfrac{4\rho L}{\underline{\pi d^2}}$ ㉔ $L = \dfrac{\pi d^2 R}{4\rho} = \dfrac{\pi \times (1.0 \times 10^{-3})^2 \times 20}{4 \times 109 \times 10^{-8}}$

< 1.4 練習問題 >

[1] $R = \dfrac{V_1^2}{P_1} = \dfrac{100^2}{2 \times 10^3} = 5$, $P_2 = \dfrac{V_2^2}{R} = \dfrac{80^2}{5}$

$= \underline{1.28 \times 10^3 \text{[W]}}$

[2] $R = \dfrac{P_1}{I_1^2}$, $P_2 = I_2^2 R = I_2^2 \times \dfrac{P_1}{I_1^2} = \underline{\left(\dfrac{I_2}{I_1}\right)^2 P_1}\text{[W]}$

[3] (1) $W\text{[kWh]} = W \times 10^3 \times 3600 \text{[W·s]} = Pt\text{[W·s]}$

$\therefore P = 3.6 \times 10^6 \dfrac{W}{t}\text{[W]}\cdots$(i), (2) $P = \dfrac{V^2}{R}\cdots$(ii)

(i) = (ii) より, $\dfrac{V^2}{R} = 3.6 \times 10^6 \dfrac{W}{t}$,

$V^2 = 3.6 \times 10^6 \dfrac{WR}{t}$, $\therefore V = \sqrt{3.6 \dfrac{WR}{t}} \times 10^3 \text{[V]}$

[4] 長さを短くする前、後のニクロム線の抵抗を R_0, R とすると、

$R_0 = \dfrac{V_0^2}{P_0}$, ニクロム線の抵抗は長さに比例するので、$R = \dfrac{2}{3}R_0 = \dfrac{2}{3}\dfrac{V_0^2}{P_0}$,

$P = \dfrac{V^2}{R} = V^2 / \dfrac{2V_0^2}{3P_0} = \underline{\dfrac{3}{2}\left(\dfrac{V}{V_0}\right)^2 P_0}\text{[W]}$

[5] ストーブの抵抗を R とすると、

$R = \dfrac{V^2}{P}\cdots$(i), 一方、抵抗の式(1-13) より、

$R = \dfrac{4\rho L}{\pi d^2}\cdots$(ii), (i) = (ii) より、$\therefore d^2 = \dfrac{4\rho LP}{\pi V^2}$

$\therefore d = \dfrac{2}{V}\sqrt{\dfrac{\rho LP}{\pi}} = \dfrac{2}{100}\sqrt{\dfrac{109 \times 10^{-8} \times 20 \times 500}{\pi}}$

$= \underline{1.18 \times 10^{-3}}\text{[m]}$

1.5 電圧と電圧の方向、および2点間の電圧計算

1.5(1) 直流電圧源の表示

1.5(2) 任意の2点間の電圧

①<u>同</u>、<u>逆</u> ② $V_{ab} = \underline{1.5\text{[V]}}$、~~-1.5[V]~~ ③~~同~~、逆

④ $V_{ba} = $ ~~1.5[V]~~、-1.5[V]

1.5(3) 単一電圧源における電流の方向と符号

⑤<u>正</u>、~~負~~（符号 +、~~-~~） ⑥ $I = \dfrac{V}{R}\text{[A]}$

⑦ $I = -\dfrac{V}{R}\text{[A]}$

1.5(4) 電流の方向と抵抗に加わる電圧の方向の関係

⑧ 0、~~V~~[V]

⑨ $\underline{V_{aa} = V + V = 2V}$, ~~$V_{aa} = V - V = 0$[V]~~

⑩ ~~$V_{aa} = V + V = 2V$~~, $V_{aa} = V - V = 0\text{[V]}$

⑪<u>（ア）、（イ）</u> 解答図 1-1 ⑫ ~~同~~、逆

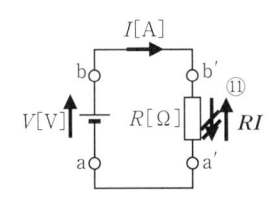

解答図 1-1

< 1.5(4) 例題 >

⑬ ↓　⑭(a) $3 \times 4 = \underline{12}$[V]　⑭(b) $6 \times 5 = \underline{30}$[V]

⑮ 同じ、逆

1.5(5) 2点間の電圧計算

⑯⑰⑱⑲ 解答図 1-2

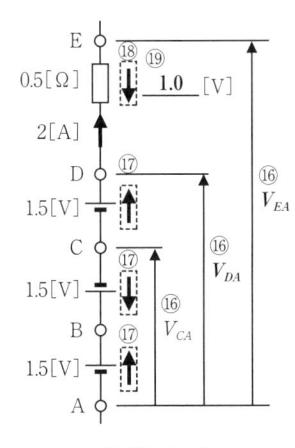

解答図 1-2

⑳ +、－ （プラス、マイナス）

㉑ +、－ （プラス、マイナス）

㉒ $V_{DA} = V_{CA} + \underline{1.5} = \underline{0} + \underline{1.5}$

㉓ $V_{EA} = \underline{V_{DA}} + (-1.0) = \underline{1.5} + (-1.0)$

< 1.5(5) 練習問題 >

[1]（1）

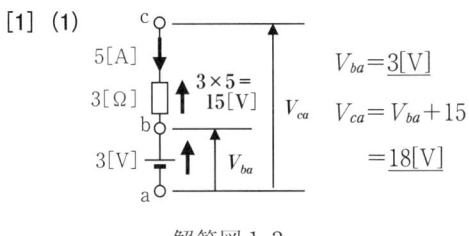

$V_{ba} = \underline{3[V]}$
$V_{ca} = V_{ba} + 15$
　　　$= \underline{18[V]}$

解答図 1-3

(2)

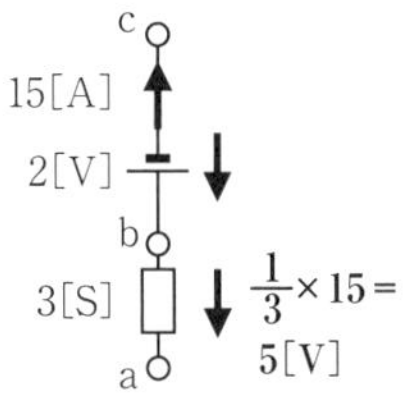

$V_{ba} = -\dfrac{15}{3}$
　　$= \underline{-5[V]}$
$V_{ca} = V_{ba} - 2$
　　$= \underline{-7[V]}$

解答図 1-4

(3)

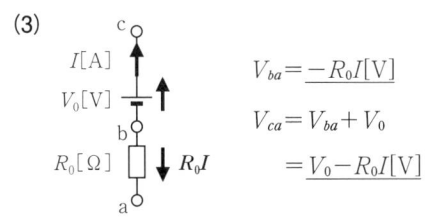

$V_{ba} = \underline{-R_0 I}$[V]
$V_{ca} = V_{ba} + V_0$
　　$= \underline{V_0 - R_0 I}$[V]

解答図 1-5

[2] $V_{BA} = -10 - 5.5 \times 2 + 6 \times 3 = \underline{-3}$[V]

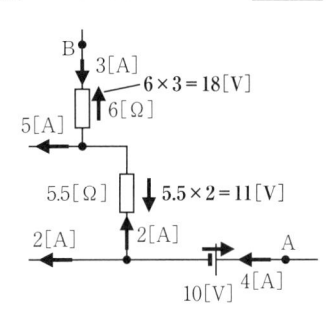

解答図 1-6

[3] 経路 cba

$V_{ac} = 1.5 + 10 \times 0.05 = 1.5 + 0.5 = \underline{2.0[V]}$

経路 cda

$V_{ac} = 1.5 + 1.5 - 20 \times 0.05 = 3.0 - 1.0 = \underline{2.0[V]}$

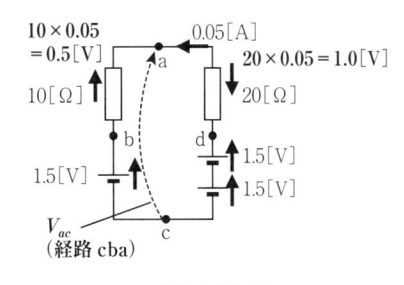

解答図 1-7

[4] 経路 AFBG であれば

$V_{BA} = -3 \times 5 + 50 - 1 \times 2.5 = \underline{32.5[V]}$

経路 ACDB であれば

$V_{BA} = 2\times 5 - 10 + 5\times 5 + 3\times 2.5 = \underline{32.5[\text{V}]}$

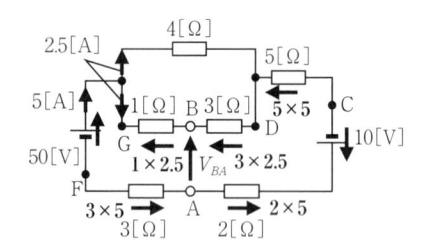

解答図 1-8

1.6 定電圧等価回路（等価電圧源）

1.6(1) 〈実験〉実際の電圧源の電流—電圧特性

②(1) アルカリ乾電池

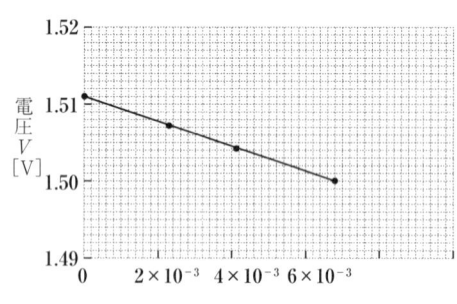

解答図 1-9(1) （表1-1 アルカリ乾電池の参考資料に示したV、Iの値をプロットした図）

②(2) 太陽電池

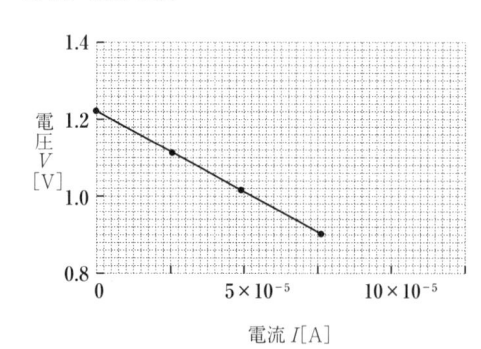

解答図 1-9(2) （表1-2 太陽電池の参考資料に示したV、Iの値をプロットした図）

1.6(2) 定電圧等価回路（等価電圧源）

③ $y = \underline{b - ax}$　④ 抵抗　⑤、⑥ 解答図 1-10

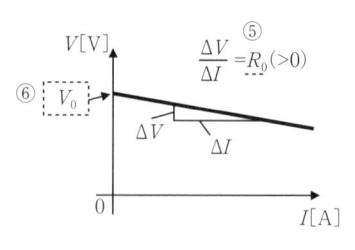

⑤ $\dfrac{\Delta V}{\Delta I} = \underline{R_0}(>0)$

⑥ V_0

解答図 1-10

⑦ $V = \underline{V_0 - R_0 I}\,[\text{V}]$　⑧ 解答図 1-11

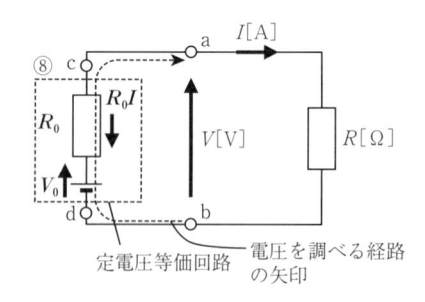

解答図 1-11

⑨ 等価電圧源　⑩ 定電圧等価回路

⑪ 内部抵抗　⑫ 開放電圧

<1.6 例題>

⑬ $V = \underline{V_0 - R_0 I}$　⑭ $I = \underline{0}$　⑮ $R_0 = \dfrac{\Delta V}{\Delta I} = \dfrac{1.5 - 1.2}{3}$

⑯ $V = \underline{V_0 - R_0 I}$　⑰ $R_0 = \dfrac{V_0 - V}{I} = \dfrac{2 - 1.6}{2}$

<1.6 練習問題>

[1]

・アルカリ乾電池

図 1-17(1) の $I = 0$（開放）の電圧から、

$V_0 = \underline{1.51[\text{V}]}$

$I = 0$ と $I = 6.73 \times 10^{-3}$ の差から、

$\Delta I = 6.73 \times 10^{-3} - 0 = 6.73 \times 10^{-3}[\text{A}]$

それに対応する電圧差から、

$\Delta V = 1.511 - 1.500 = 0.011[\text{V}]$

$R_0 = \dfrac{\Delta V}{\Delta I} = \dfrac{0.011}{6.73 \times 10^{-3}} = \underline{1.63[\Omega]}$

・太陽電池

図1-17(2)の$I=0$（開放）の電圧から、
$V_0=\underline{1.23}$[V]
$I=0$と$I=7.54\times10^{-5}$の差から、
$\Delta I=7.54\times10^{-5}-0=7.54\times10^{-5}$[A]
それに対応する電圧差から、
$\Delta V=1.226-0.901=0.325$[V]
$R_0=\dfrac{\Delta V}{\Delta I}=\dfrac{0.325}{7.54\times10^{-5}}$
$=\underline{4.31\times10^3}$[Ω]

[2] 定電圧等価回路の端子電圧は、
$V=V_0-R_0I$　　(1-21)
で与えられる。この式に題意の条件を代入して、$V=6-0.4\times3=\underline{4.8}$[V]
したがって、$R=\dfrac{V}{I}=\dfrac{4.8}{3}=\underline{1.6}$[Ω]

[3] 定電圧等価回路の端子電圧は、
$V=V_0-R_0I$　　(1-21)
で与えられる。この式に題意の2つの条件を代入すると、
$0.7=V_0-5R_0\cdots$(i)　　$1.0=V_0-2R_0\cdots$(ii)
(ii)式－(i)式
$0.3=3R_0$　　　　∴$\underline{R_0=0.1}$[Ω]
(ii)式×5－(i)式×2
$5.0=5V_0-10R_0$
－)$1.4=2V_0-10R_0$
$3.6=3V_0$　　∴$\underline{V_0=1.2}$[V]

[4] 定電圧等価回路の端子電圧は、
$V=V_0-R_0I$　　(1-21)
この式と題意より、
$V_1=V_0-R_0I_1\cdots$(i)　　$V_2=V_0-R_0I_2\cdots$(ii)
(i)式－(ii)式より、
$V_1-V_2=R_0(I_2-I_1)$　　∴$\underline{R_0=\dfrac{V_1-V_2}{I_2-I_1}}$[Ω]
(i)式×I_2－(ii)式×I_1
$V_1I_2=V_0I_2-R_0I_1I_2$
－)$V_2I_1=V_0I_1-R_0I_1I_2$

$V_1I_2-V_2I_1=V_0(I_2-I_1)$
∴$\underline{V_0=\dfrac{V_1I_2-V_2I_1}{I_2-I_1}}$[V]

[5] 定電圧等価回路の端子電圧は、
$V=V_0-R_0I$　　(1-21)
条件1，条件2における電流をそれぞれ
I_1，I_2とすると、
$I_1=\dfrac{V_1}{R_1}=\dfrac{8.8}{2.2}=4$
$I_2=\dfrac{V_2}{R_2}=\dfrac{10.4}{5.2}=2$
これらと、(1-21)式より、
$8.8=V_0-4R_0\cdots$(i)
$10.4=V_0-2R_0\cdots$(ii)
(ii)式－(i)式より、$1.6=2R_0$　∴$\underline{R_0=0.8}$[Ω]
(ii)式×2－(i)式
$20.8=2V_0-4R_0$
－)$8.8=V_0-4R_0$
$12=V_0$　　∴$\underline{V_0=12}$[V]

[6] 定電圧等価回路の端子電圧は、
$V=V_0-R_0I$　　(1-21)
この式と条件1より、
$64=V_0-8R_0\cdots$(i)
一方、$V^2=RP$と、条件2より、
$V=\sqrt{RP}=\sqrt{3\times768}=48$
∴$I=\dfrac{V}{R}=\dfrac{48}{3}=16$
したがって、(1-21)式より、
$48=V_0-16R_0\cdots$(ii)
(i)式，(ii)式を，前述の問題と同様に加減法で解いて、
$\underline{R_0=2}$[Ω]
$\underline{V_0=80}$[V]

第 2 章 直流回路の解法

```
┌─────┬─────┐
│ ⋯⋯ 、│ ⋯⋯ │：文字式を記入
├─────┼─────┤
│ ⋯⋯ 、│     │：数値を記入
└─────┴─────┘
```

2.1 抵抗の直並列接続

学習内容 直並列接続回路の合成抵抗、分圧則、分流則、電位計算

目標 直列、並列抵抗の計算ができる。分流・分圧則が理解でき、これに基づいて、各部の電流、電圧の計算ができる。2点間の電圧計算ができる。

2.1(1) 直列接続した抵抗の合成抵抗

・図 2-1 において、直列接続された抵抗 R_1, R_2, R_3 の合成抵抗 R を考える。

・R_1, R_2, R_3 に加わる電圧を、それぞれ V_1, V_2, V_3 とする（電流 I と逆向きであることに注意して、①図の □ に、電圧の矢印と電圧記号 (V_1, V_2, V_3) を記入せよ）。

・「2点間の電圧は、基準点と終点が同じであれば、経路によらず同じ値になる（1.5 練習問題 [3]、[4] 参照）」を利用し、経路 abc および adc について電圧 V_{ca} を求め、それらを等しいと置く。

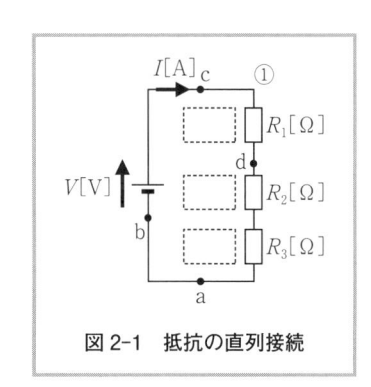

図 2-1 抵抗の直列接続

$$\text{経路 abc} \qquad \text{経路 adb}$$
$$② \; V_{ca}= \underline{\hspace{3cm}} = \underline{\hspace{4cm}} \tag{2-1}$$

ここで、V_1, V_2, V_3 を電流 I と抵抗 R_1, R_2, R_3 により、それぞれ表すと、

$$③ \; V_1 = \underline{\hspace{2cm}}, V_2 = \underline{\hspace{2cm}}, V_3 = \underline{\hspace{2cm}} \tag{2-2}$$

これらを(2-1)式の右辺に代入し、I でくくると、

$$④ \; V = (\underline{\hspace{3cm}}) \cdot I \tag{2-3}$$
$$\equiv RI$$

三本線は定義

したがって、直列接続された抵抗の合成抵抗 R を、R_1, R_2, R_3 により表すと

$$⑤ \; R = \underline{\hspace{4cm}} \; [\Omega] \tag{2-4}$$

となる。

2.1(2) 並列接続した抵抗の合成抵抗

・図 2-2 において、並列接続された抵抗 R_1, R_2, R_3 の合成抵抗 R を考える。

・全電流 I と、それぞれの抵抗に流れる電流 I_1, I_2, I_3 と

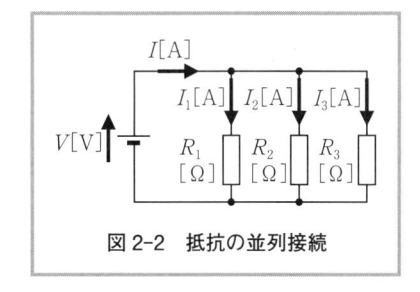

図 2-2 抵抗の並列接続

の関係は、

$$⑥ I = \underline{} \tag{2-5}$$

・抵抗 R_1, R_2, R_3 には、同じ電圧 V が加わっているので、I_1, I_2, I_3 を、電圧 V と抵抗 R_1, R_2, R_3 により、それぞれ表すと、

$$⑦ I_1 = \boxed{} \ , I_2 = \boxed{} \ , I_3 = \boxed{} \tag{2-6}$$

これらを(2-5)式の右辺に代入し、V でくくると、

$$⑧ I = \left(\boxed{} + \boxed{} + \boxed{} \right) \cdot V \tag{2-7}$$

$$\equiv \frac{1}{R} V$$

したがって、並列接続における合成抵抗 R の逆数 $\frac{1}{R}$ （コンダクタンス）を、R_1, R_2, R_3 により表すと

$$⑨ \frac{1}{R} = \boxed{} + \boxed{} + \boxed{} \ [S] \tag{2-8}$$

となる。合成抵抗 R は(2-8)式の逆数を求めることで得る。

●抵抗が2個の場合の並列抵抗

・図 2-3 に示す抵抗が2個の場合の並列計算は多用される。

このときの合成抵抗は、(2-8)式で R_3 を ∞（$\frac{1}{R_3}$ を 0）にして、

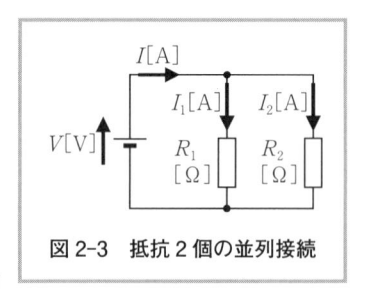

$$⑩ \frac{1}{R} = \frac{1}{R_1} + \frac{1}{R_2} \quad \underset{通分}{\Longrightarrow} \quad \boxed{}$$

$$\therefore \ ⑪ R = \boxed{} \ [\Omega] \tag{2-9}$$

図 2-3　抵抗2個の並列接続

(2-9)式は、分母が抵抗の**和**、分子が抵抗の**積**であることから、⑫ $\boxed{}$ （「わぶんのせき」と読む）と記憶すると便利である。

2.1(3) 直並列接続した抵抗の合成抵抗

抵抗の直列接続や並列接続が混ざっている場合の合成抵抗 R は、**回路をまとめてから**計算する。

<2.1(3)例題>

[1] 図2-4のように**並列回路が直列**につながっている回路の合成抵抗$R[\Omega]$を求めよ。

（解答）まず、**並列回路**の合成抵抗R_1, R_2を計算すると

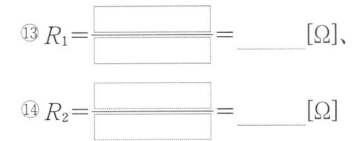

⑬ $R_1 = \underline{\qquad\qquad} = \underline{\qquad}[\Omega]$、

⑭ $R_2 = \underline{\qquad\qquad} = \underline{\qquad}[\Omega]$

図2-4 直並列接続回路

次いで、R_1, R_2および$5[\Omega]$の**直列回路**についての合成抵抗Rを計算して、

⑮ $R = \underline{\quad} + \underline{\quad} + \underline{\quad} = \underline{12[\Omega]}$

[2] 図2-5のように、**二重の並列回路**になっている回路の合成抵抗$R[\Omega]$を求めよ。

（解答）まず、**内側の並列回路**の合成抵抗R_3を計算すると、

⑯ $R_3 = \underline{\qquad\qquad} = \underline{\qquad}[\Omega]$。

次いで、$16[\Omega]$とR_3の直列抵抗R_4を計算すると、

⑰ $R_4 = \underline{\quad} + \underline{\quad} = \underline{\qquad}[\Omega]$ 。

このR_4と$30[\Omega]$の並列回路についての合成抵抗Rを計算することで、⑱ $R = \underline{\qquad\qquad} = \underline{12[\Omega]}$

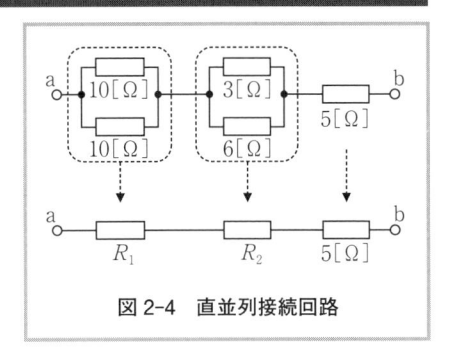

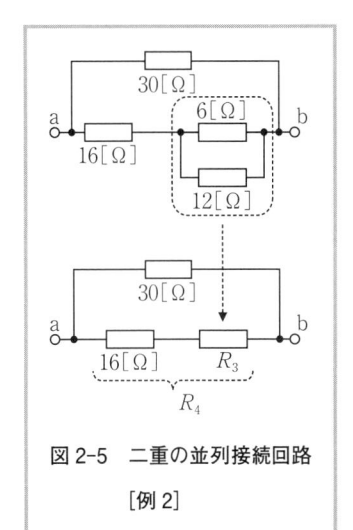

図2-5 二重の並列接続回路 [例2]

2.1(4) 直列抵抗による分圧

・図2-1において、直列接続された抵抗に加えられた全電圧Vと、抵抗R_1に加わる電圧V_1の比を、(2-2)式を(2-3)式で除して求めると、

$$\text{⑲} \quad \frac{V_1}{V} = \frac{\underline{\qquad} \cdot I}{(\underline{\qquad\qquad}) \cdot I} = \underline{\qquad\qquad} \tag{2-10}$$

$$\text{⑳} \quad \therefore V_1 = \underline{\qquad\qquad} V [\text{V}] \tag{2-10'}$$

さらに、(2-2)式から、各抵抗に加わる電圧V_1, V_2, V_3の比は、抵抗R_1, R_2, R_3の比に一致する。すなわち、

$$\text{㉑} \quad V_1 : V_2 : V_3 = \underline{\qquad\qquad : \qquad\qquad : \qquad\qquad} \tag{2-10''}$$

・(2-10)式、(2-10')式、(2-10'')式は**電圧**が抵抗にどれだけ**分**かれて加わるかを表している。そこで、この式で表される関係を㉒_____則という。

> **注意**：分圧則が成り立つ条件は、(2-10)式において**電流 I が約分できる**、すなわち、「R_1, R_2, R_3 に㉓同じ、異なる電流が流れている」ことである（この注意に関しては、<2.1(1)～(5)練習問題>[3]および[9]を参照のこと）。

<2.1(4)例題>

[1] 図 2-6 で、$V_1 = \dfrac{1}{7}V$ [V] である。**分圧則を用いて、R_1 の値を求めよ。**

（解答）(2-10′)式に示す分圧則を用いて、印加電圧 V と、R_1 に加わる電圧 V_1 の比を求め、それを題意に従い $\dfrac{1}{7}$ とおくと、

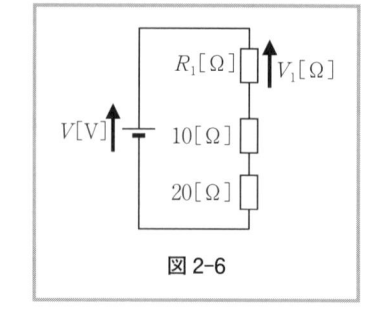

$$㉔\ \frac{V_1}{V} = \boxed{} = \frac{1}{7}$$

$$㉕\ \therefore 7R_1 = \boxed{} \qquad \therefore R_1 = \underline{5 [\Omega]}$$

2.1(5) 並列抵抗による分流

図 2-2 において、並列接続された抵抗に流れる全電流 I と、抵抗 R_1 に流れる電流 I_1 の比を、(2-6)式を(2-7)式で除して求めると、

$$㉖\ \frac{I_1}{I} = \frac{\boxed{} \cdot V}{\left(\boxed{} + \boxed{} + \boxed{}\right) \cdot V} \underset{\substack{V を約分して \\ から通分}}{=} \boxed{} \qquad (2\text{-}11)$$

これを整理して、

$$㉗\ \therefore \frac{I_1}{I} = \boxed{} \qquad (2\text{-}12)$$

$$㉘\ \therefore I_1 = \boxed{} \cdot I\ [\text{A}] \qquad (2\text{-}12')$$

さらに、(2-6)式から、各抵抗に流れる電流 I_1, I_2, I_3 の比は、抵抗値 R_1, R_2, R_3 の逆数に比例する。すなわち、

$$㉙\ I_1 : I_2 : I_3 = \boxed{} : \boxed{} : \boxed{} \qquad (2\text{-}12'')$$

・(2-12)式，(2-12′)式，(2-12″)式は、電流 I が抵抗にどれだけ**分**かれて**流**れるかを表している。そこで、この式で表される関係を㉚_____則という。

> 注意：分流則が成り立つ条件は、(2-11)式において**電圧Vが約分できる**、すなわち、「R_1, R_2, R_3に㉛<u>同じ</u>、異なる電圧が加わっている」ことである（この注意に関しては、<2.1(5)例題>[1]を参照のこと）。

●抵抗が2個の場合の分流則

・(2-11)式右辺の第1項分母において、R_3を∞（$\frac{1}{R_3}$を0）にして、通分、整理すると、

㉜ $\dfrac{I_1}{I} = \dfrac{\frac{1}{R_1}\cdot V}{\left(\frac{1}{R_1}+\frac{1}{R_2}\right)\cdot V} \underset{通分}{=} \dfrac{}{\left(\right)}$ これを整理して、

㉝ $\dfrac{I_1}{I} = \underline{}$ (2-13)

㉞ ∴ $I_1 = \underline{} \cdot I \,[A]$ (2-13′)

分母を誤って、並列抵抗の式である「積/和」としないこと！

また、(2-12″)式より各抵抗に流れる電流I_1, I_2の比は、抵抗値R_1, R_2の逆数に比例する。すなわち、

㉟ $I_1 : I_2 = \underline{} : \underline{}$ (2-13″)

(2-13)式、(2-13′)式、(2-13″)式は、回路計算で多用されるので、重要である。

<2.1(5) 例題>

[1] 図2-7で$I_1 = \dfrac{5}{6}I$である。**分流則を用いて**、R_2の値を求めよ。

（解答）・$2[\Omega]$と$R_2[\Omega]$による分流と考え、

$I_1 = \dfrac{R_2}{2+R_2}I = \dfrac{5}{6}I$、

∴$R_2 = 10[\Omega]$ と求めるのは誤りであるから注意。

・$2[\Omega]$の両端であるab端子間と同じ電圧が加わるのは、㊱<u>dc</u>、<u>db</u>端子間であるから、$2[\Omega]$と㊲_____ $[\Omega]$による分流となる。したがって、

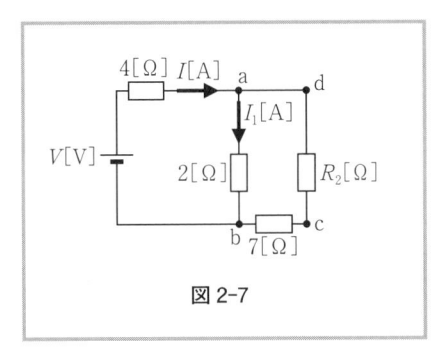

㊳ $I_1 = \underline{} \cdot I = \dfrac{5}{6}I$ ∴$6(R_2+7) = 5(2+R_2+7)$ ∴$R_2 = \underline{3[\Omega]}$

図2-7

●回路の動作により、分流則の正しさを理解する

・(a)：図2-8で、R_2が極めて大きくなると、R_2の電流I_2は㊴0に近づく、変わらない。これにより、㊵$I_1 \cong I$、I_2、0になる。

＞＞＞ $\cong$ は $\fallingdotseq$ と同じ意味で、近似を表す ＜＜＜

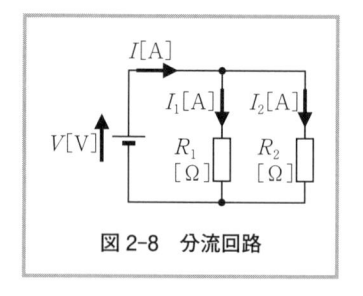

図2-8 分流回路

一方、(b)：分流則の式は、(2-13')式より、

$I_1 = \dfrac{R_2}{R_1 + R_2} \cdot I$、この式で、$R_2$が極めて大きくなると、分母の$R_1$が$R_2$に対して無視されるので、$I_1 = \dfrac{R_2}{R_1 + R_2} \cdot I \cong$ ㊶$\dfrac{R_2}{\boxed{}} \cdot I$、したがって、

㊷$I_1 \cong I$、I_2、0になる。この結果、(a)、(b)のI_1が一致することから、分流則が回路の実際の動作を正しく表していることが分かる。もし、分流則を$I_1 = \dfrac{R_1}{R_1 + R_2} \cdot I$と間違えると、$R_2 \to \infty$で、㊸$I_1 \cong I$、$I_2$、0となってしまい、(a)の結果に矛盾する。

＜2.1(1)〜(5)練習問題＞

[1] 問図2-1のab、bc、ac端子間の合成抵抗$R_{ab}[\Omega]$、$R_{bc}[\Omega]$、をそれぞれ求めよ。また、ac端子間に電圧$V[\mathrm{V}]$を加えたとき、$R_{ab}[\Omega]$に加わる電圧$V_{ab}[\mathrm{V}]$を、**分圧則**を用いて求めよ。

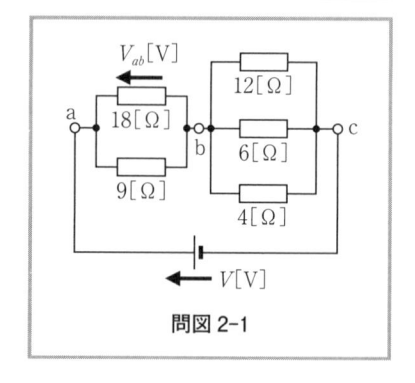

問図2-1

40　第2章　直流回路の解法

[2] 問図2-2のように、電流$I_0=12$[A]が回路に流入している。このときの電流I_1[A]およびI_2[A]の値を、分流則を用いて求めよ。

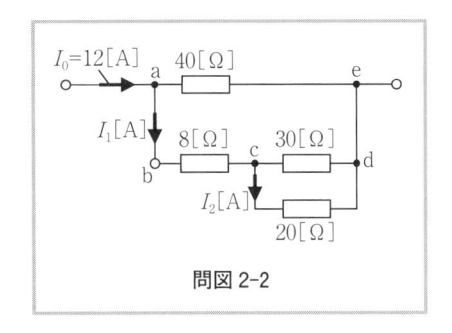

問図2-2

[3] 問図2-3において、電圧V_{cd}[V]を分圧則により求めよ。2.1(4)に示した分圧則の注意に留意すること。

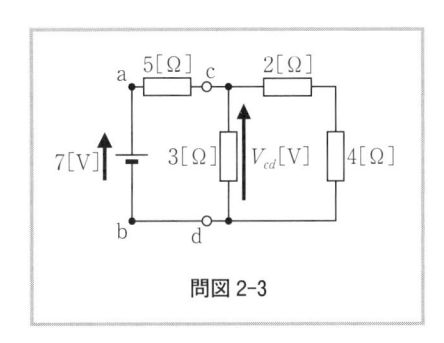

問図2-3

[4] 問図2-4の並列回路のab端子間の合成抵抗R_0は$\dfrac{20}{9}$[Ω]である。抵抗Rの値を求めよ。

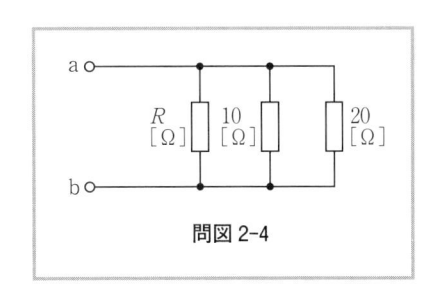

問図2-4

[5] 問図2-5の回路で抵抗2[Ω]での消費電力が2[W]である。電源電圧V[V]を求めよ。

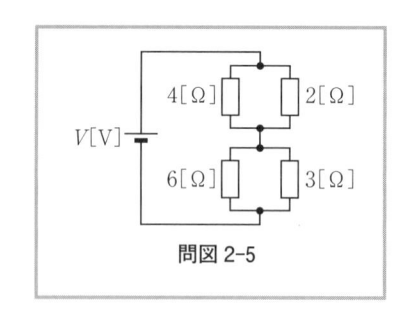

問図2-5

[6] 問図2-6の回路で、R_2の消費電力が1[W]であるときに、R_1の両端の電圧を求めよ。ただし、$R_1=4$[Ω]、$R_2=4$[Ω]、$R_3=2$[Ω]である。

問図2-6

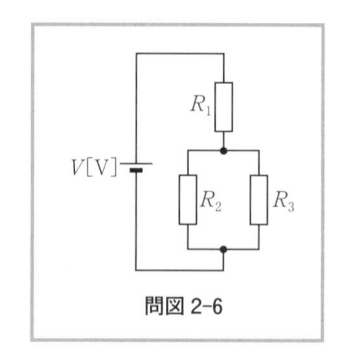

[7] 問図2-7に示すように、内部抵抗$R_m=10$[kΩ]で最大目盛（＝測定できる最大電圧）300[V]の電圧計に、直列に抵抗R[Ω]を接続し、最大900[V]まで測定できる電圧計にしたいRは何[Ω]にすればよいか。

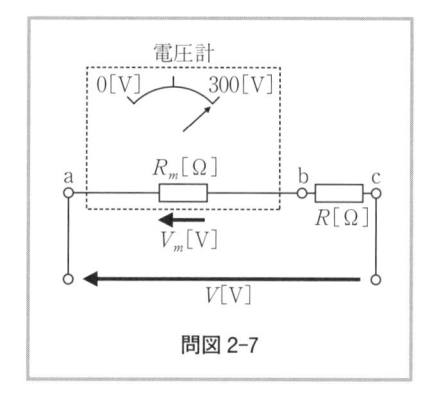

問図2-7

[8] (1) 問図2-8の回路で，抵抗R_0の両端の電圧V_0を全体の電圧Vの$\frac{1}{n}$にするために必要な抵抗Rの式を、分圧則を利用して求めよ。(2) さらに、$R_0 = 1 [\text{k}\Omega]$のとき、$n = 100$にしたい。Rの具体的な値を求めよ。

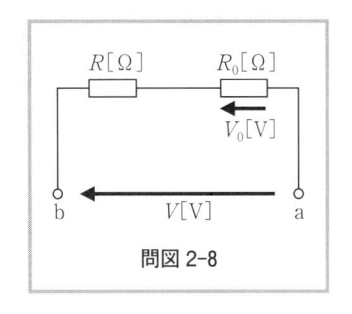

問図 2-8

[9] 問図2-9において、電圧V_{cd}を分圧則により求めよ。

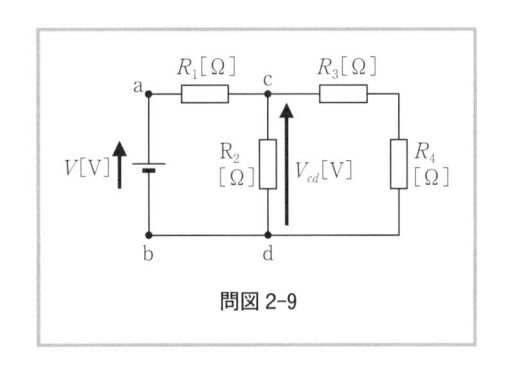

問図 2-9

[10] 問図2-10に示すように、内部抵抗$R_m = 190 [\Omega]$で最大目盛（＝測定できる最大電流）100[mA]の電流計に、並列に抵抗$R[\Omega]$を接続し、最大2[A]まで測定できる電流計にしたい。Rは何[Ω]にすればよいか。

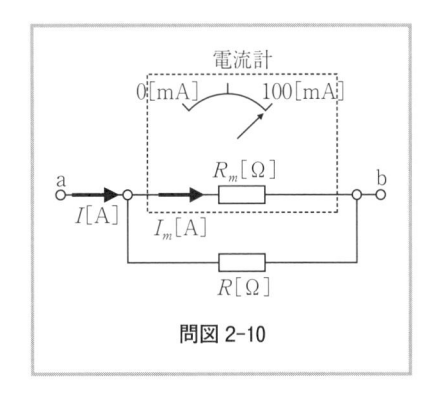

問図 2-10

[11] 問図 2-11 のように，最大目盛 I_{AF}[A] の電流計 A（内部抵抗 r[Ω]）に抵抗（分流器）R[Ω] を並列に接続し、最大目盛 I[A]の電流計として使用したい．

(1) 抵抗 R[Ω] を与える式を分流則を用いて求めよ．

(2) 次いで、$I_{AF} = 10$ [mA]、$r = 99$ [mΩ]、$I = 1$ [A]のときのRの値を求めよ．

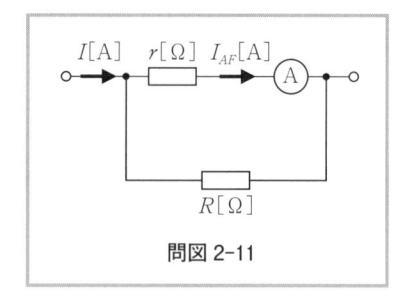

[12] 問図 2-12 の回路の ab 端子間の合成抵抗 R_0 は $\dfrac{10}{3}$ [Ω] である。抵抗 $R(>0)$ の値を求めよ．

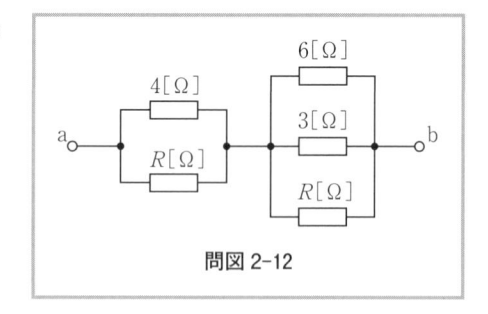

[13] 抵抗$R_1=2[\Omega]$と、値が未知の抵抗$R_2[\Omega]$がある。この二つの抵抗を**直列**接続した回路に電圧$V[V]$を加えたときの**全消費電力**$P_1[W]$は、それらを**並列**接続した回路に電圧$V[V]$を加えたときの**全消費電力**$P_2[W]$の$\frac{1}{4.5}$倍であった。R_2の値を求めよ。ただし、$R_2>R_1$であるとする。

[14] 問図2-13の回路において、a端子から流入する電流$I[A]$のうちの$\frac{1}{4}$が$I_1[A]$として流れる。抵抗Rの具体的な値を求めよ。

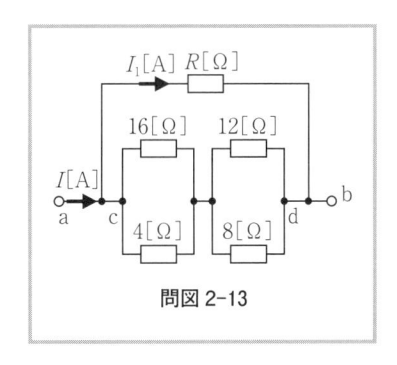

問図2-13

[15] 問図2-14のように電流I_2は5[A]である。抵抗$R(>0)[\Omega]$の値を求めよ。

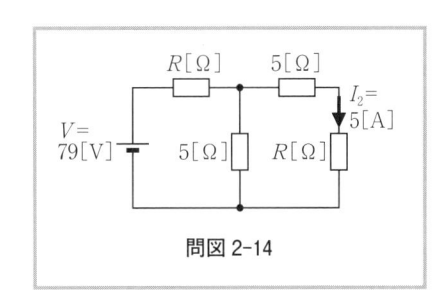

問図2-14

[16] 問図 2-15 において、スイッチ S を開いているときに抵抗 R に流れる電流を I_1[A]、スイッチ S を閉じたときに抵抗 R に流れる電流を I'_1[A] とするとき、$I'_1=0.9I_1$ であった。R の値を求めよ。なお、解法には、分流則が用いられていること。

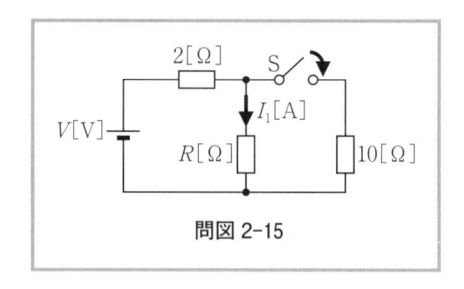

問図 2-15

[17] 問図 2-16 において、(1)電源電圧 V と ab 端子間の電圧 V_1 の比 $\dfrac{V_1}{V}$ を、分圧則を用いて求めよ。

(2)電源電圧 V と cd 端子間の電圧 V_2 の比 $\dfrac{V_2}{V}$ を、分圧則を用いて求めよ。

問図 2-16

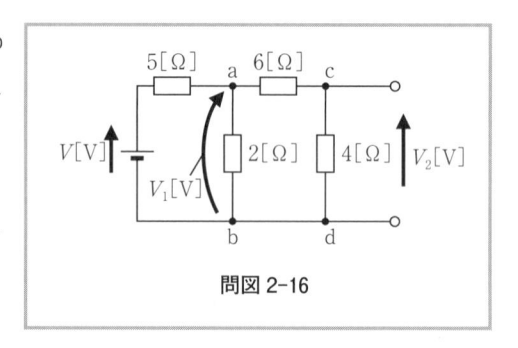

[18] 問図2-17の電圧V_4[V]が

$$V_4 = \frac{R_2 R_4}{R_1 R_2 + (R_1 + R_2)(R_3 + R_4)} V \quad [V]$$

となることを、分圧則により求めよ。

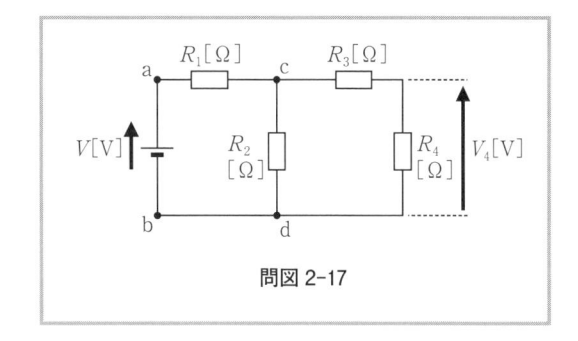

2.1(6) 電線は電気を通すゴムひも

・図2-9(a)において、端子ab間の合成抵抗R[Ω]を求める。同図では、cefd間が電線で接続されていることに注意が必要である。

・考え易くするため、この回路を見慣れた回路に変形する。それには、**電線は電気を通すゴムひもと考えるのが1つの方法である**。

・同図(a)は、e点、f点を指でつまんで、ゴムひもを引っ張っている状態と考える。そこで、指を離すと、ゴムひもが縮んでc点とe点、d点とf点がそれぞれ重なる。その場合の回路を、㊹同図(b)に記入せよ。

・さらに、図(b)は、c点、d点を指でつまんで、ゴムひもを引っ張った状態と考える。そこで、指を離すとゴムひもが縮んで、c点とd点が重なる。さらに、その重なった部分を上下に引っ張ると、40[Ω]と60[Ω]の㊺直列、並列回路と、30[Ω]と20[Ω]の㊻直列、並列回路が、㊼直列、並列接続された回路になる。その回路を、㊽同図(c)に記入せよ。

・したがって、合成抵抗の値は、

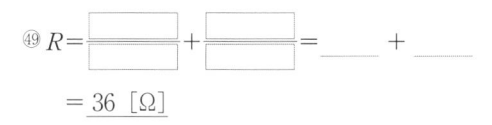

㊾ $R = \dfrac{\quad}{\quad} + \dfrac{\quad}{\quad} = \underline{\quad} + \underline{\quad}$

$= \underline{36}$ [Ω]

となる。

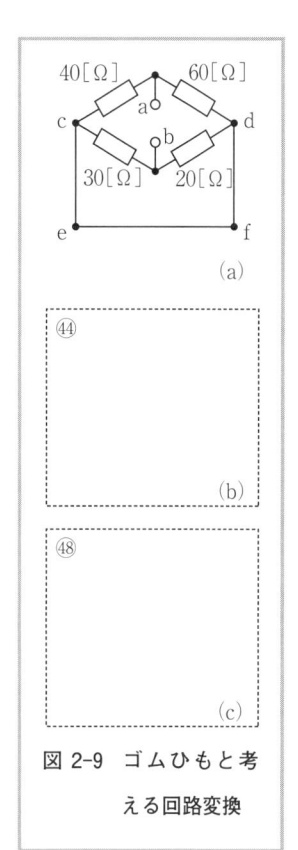

図2-9 ゴムひもと考える回路変換

＜2.1(6)練習問題＞

[1] 問図 2-18 の回路において、(1) 2.1(6) のゴムひもの考え方を用いて回路変形し、端子 ab 間の合成抵抗 R を求めよ。(2) a 端子から $I=20$ [A] が流入するとき、6 [Ω] の抵抗に流れる電流 I_6 の値を求めよ。(3) 6 [Ω] の抵抗の消費電力 P を求めよ。

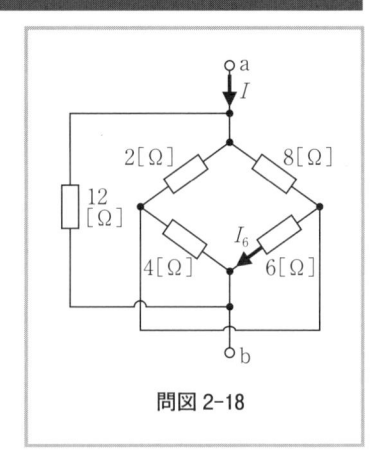

問図 2-18

[2] 問図 2-19 の ae 端子間の合成抵抗 R [Ω] を求めよ。

問図 2-19

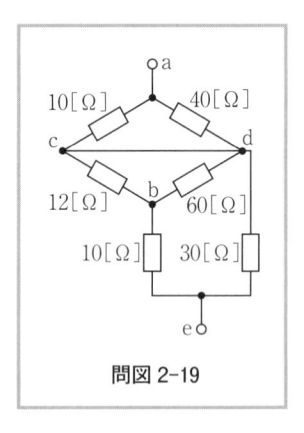

2.1(7) 直並列回路における 2 点間の電圧計算

・直並列回路における任意の 2 点間の電圧、すなわち、一方を基準点にしたときの別な点の電圧を求めることを考える。例として、図 2-10 において、b 点を基準とした a 点の電圧 V_{ab} [V] を求める。

・この計算においては、電圧 V_{ab} を調べる経路を設定し、**その経路に存在する電圧を加減算**する。その手順は、

(1) V_{ab} を求める経路を決める。ここでは bca とする（図に経路を→で記入せよ）。

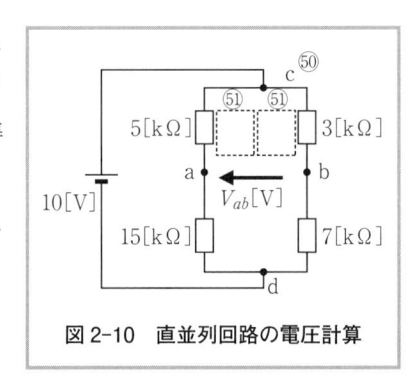

図 2-10 直並列回路の電圧計算

48　第 2 章　直流回路の解法

(2) 5[kΩ]、3[kΩ]の抵抗に生じる電圧をそれぞれV_1[V],V_2[V]とする（図の□に電圧の矢印と電圧記号（V_1,V_2）を記入せよ）。

(3) V_{ab}をV_1,V_2で表すと、㊾ V_{ab}＝＿＿＿＿＿＿[V]

なお、V_1,V_2は、分圧則あるいは、分流則を利用して求めることができる。

＜2.1(7)例題＞

[1] 上記2.1(7)で示した手順(1)、(2)、(3)を参考に図2-10のV_{ab}[V]を求めよ。

（解答）

手順(1)および(2) 図2-10に、電圧V_{ab}を調べる経路と電圧V_1[V],V_2[V]を記入した図が図2-11である。

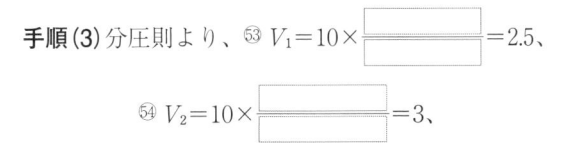

手順(3) 分圧則より、㊼ $V_1=10\times\underline{\qquad}=2.5$、

㊾ $V_2=10\times\underline{\qquad}=3$、

b点基準のa点の電圧は、

$V_{ab}=V_2-V_1=3-2.5=\underline{0.5[V]}$

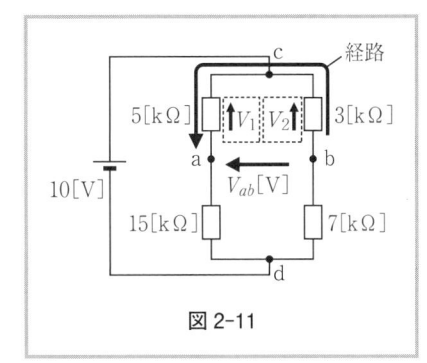

図2-11

＜2.1(7)練習問題＞

[1] 問図2-20において、(1) 電流Iの値を求めよ。

(2) cd間端子間電圧V_{cd}の値を求めよ。

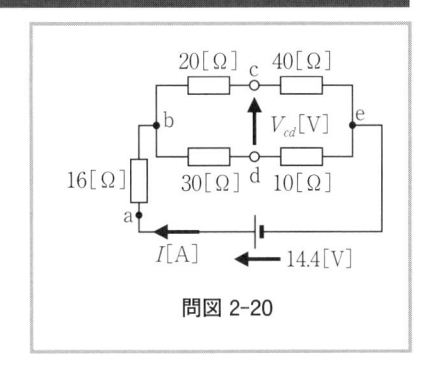

問図2-20

[2] 問図 2-21 の回路で、cd 端子間の電圧が V_{cd}=54[V] であった。端子 ab 間の電源電圧 V_{ab} はいくつか。

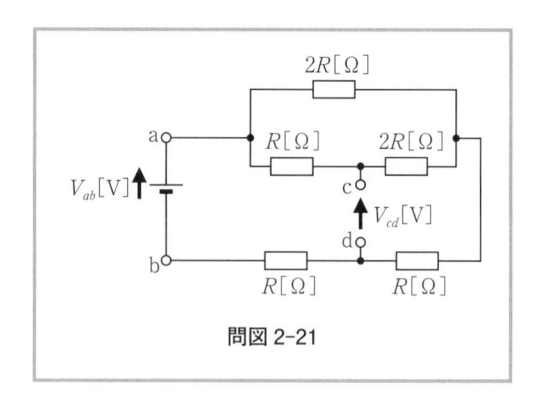

問図 2-21

[3] 問図 2-22 において、(1)抵抗 R[Ω] ($R>0$) の値を求めよ。
(2) (1)の結果を用い、電圧 V_{ba}[V]の値を求めよ。

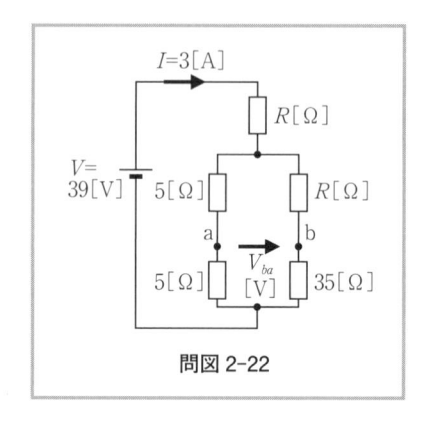

問図 2-22

2.1(8) ブリッジ回路

・図 2-12 に示す回路は、回路 cad と cbd とを、その中間の点 a,b において、抵抗 R_5 で橋渡しをした形なので、ブリッジ回路と言われる。
・中央のブリッジ R_5 に電流が流れない条件は、このブリッジ回路の㊵_____条件と言われる。
・この平衡条件を、R_5 に流れる電流の式から求める方法はやや複雑であるため、ここでは、次のようにして平衡条件を求める。
・図 2-12 の回路が平衡しているとすると、R_5 には電流が流れない。したがって、d 点基準の a 点の電圧

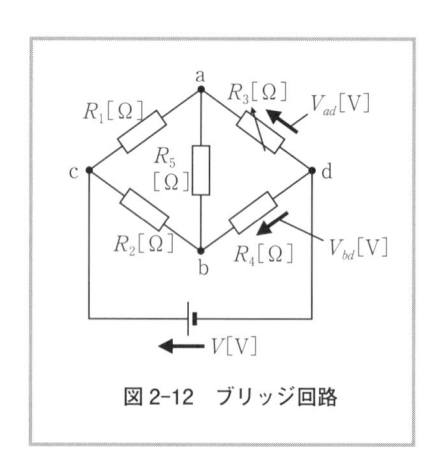

図 2-12 ブリッジ回路

50 第 2 章 直流回路の解法

V_{ad}と、d 点基準の b 点の電圧V_{bd}は㊶ 等しい、異なる。

・抵抗R_5に電流が流れないゆえ、ab 端子間は開放されているとしてよいから、V_{ad}は、電源電圧Vを、抵抗R_1とR_3で分圧することで得られる。したがって、

$$㊷ \quad V_{ad} = \boxed{} V、$$

V_{bd}も同様に考えて、

$$㊸ \quad V_{bd} = \boxed{} V$$

$V_{ad} = V_{bd}$とおくことで、

$$㊹ \quad \boxed{} V = \boxed{} V、$$ この式を展開すると、$R_3 R_4$の項は相殺されるので、R_1, R_2, R_3, R_4を用いて表した平衡条件は、

$$㊺ \quad R_1 R_4 = \boxed{} \quad (2\text{-}14)$$

となる。すなわち、平衡条件は、「ブリッジを構成する四つの抵抗の、**互いに対向する辺の抵抗の積が等しい**」である。

・(2-14)式の関係を用いて、未知抵抗を測定することができる。いま、抵抗R_1, R_2は値が固定された既知抵抗、抵抗R_3は、その値を知ることができる可変抵抗、そして、R_4は値が未知の抵抗であるとする。R_3を調整して、平衡条件が成立したとすると、未知抵抗R_4は、(2-14)式から、

$$㊻ \quad R_4 = \boxed{} R_3 \; [\Omega] \quad (2\text{-}15)$$

として求めることができる。この原理による抵抗測定の方法をホイートストンブリッジという。

<2.1(8)例題>

[1] 図2-13の回路において、端子 a-b 間の合成抵抗$R_0 [\Omega]$を求めよ。

(解答)

・同図においてブリッジを構成する四つの抵抗の、互いに対向する辺の抵抗の積は、いずれも$3R \times R = 3R^2$となり等しい。∴このブリッジは㊼ 平衡している、平衡していない。

・このとき、ブリッジ中央の抵抗$4R$には、電流が㊽ 流れる、流れないので、$4R$は接続されていないと考えてよい。したがって、合成抵抗R_0は$3R$、$3R + 3R = 6R$、および$R + R = 2R$の並列となるから、

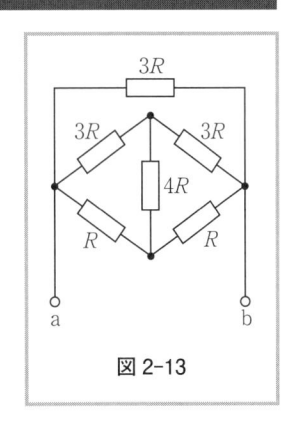

図2-13

$$\frac{1}{R_0} = ^{⑥4}\boxed{} + \boxed{} + \boxed{} = \boxed{} \quad \therefore R_0 = \underline{R[\Omega]}$$

＜2.1(8)練習問題＞

[1] 問図 2-23 のブリッジ回路は、可変抵抗R_3の値が45[Ω]のときに、検流計（微小な電流を計る電流計）Gの振れが0になった（=平衡した）。未知抵抗R_4の値はいくつか。

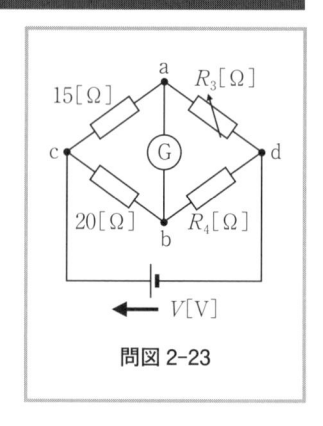

問図 2-23

－これまでの方法では解けない回路へ－

・図 2-14 の回路において、電流Iの値は10[A]である。この値を求めようとすると、端子1,2,3で作られる**三角形の回路**（これを**Δ（デルタ）回路**という）の扱いが問題になる。現時点、このΔ回路を直並列回路に変形することはできない。では、どうすればよいであろうか。

・ここでは、Δ回路を、**それと同じ働きをする回路**（**等価回路**という）で、かつ、これまでの知識で解ける回路に置き換えて、解くことを考える。

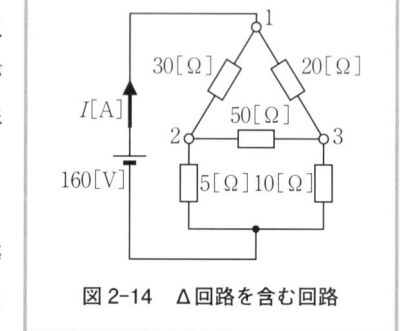

図 2-14 Δ回路を含む回路

・では、（ⅰ）等価回路であるための条件は何であろうか、
　　　　（ⅱ）その条件を満たす回路はどのような構成であろうか。

（ⅰ）**等価回路の条件**：注目するΔ回路とその等価回路において、すべての端子間(1と2、2と3、3と1)の①_____の値が、それぞれ等しい。

・すなわち、図 2-15(a)のΔ回路において、各端子間の抵抗値を求め（直並列回路計算を行い、その値を同図(a)、(b)の②、③、④の□に記入せよ）、それぞれの抵抗値が同図(b)の各端子間で得られれば、図(b)は、図(a)の等価回路といえる。

図2-15 Δ回路とその等価回路

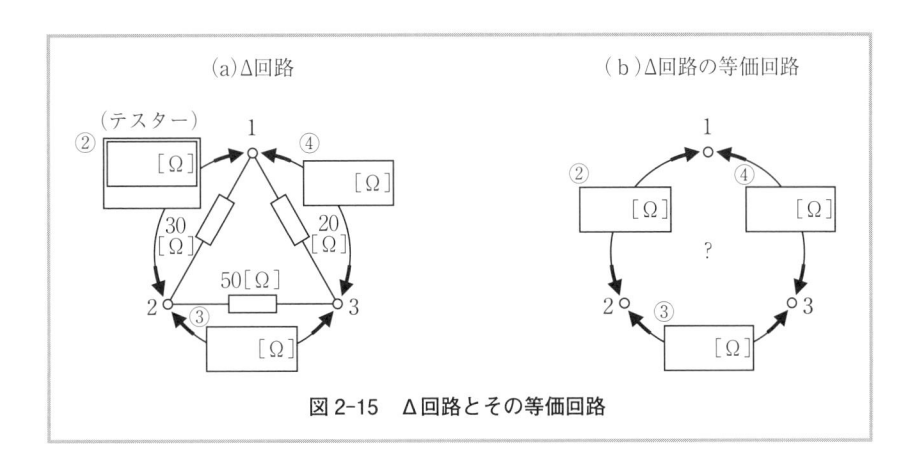

(ⅱ) 等価回路はどのような構成であろうか。

・まず、等価であるか否かは考えないで、現時点の知識で各端子間の抵抗値を求め得る回路を考えると、図2-16(a),(b),(c)のいずれかになるのではなかろうか。この3つの回路の等価回路としての妥当性をチェックする（以下の⑤〜⑪については、図2-16の□にも値を記入すること）。

・図2-16(a)のように、1-2間を21[Ω]、2-3間を25[Ω]として、図2-15(a)と合致するようにすると、3-1間が⑤____[Ω]となってしまい、図2-15(a)の3-1間の16[Ω]と合致しない。

・図2-16(b)のように、1-2間および2-3間は(a)と同じにし、3-1間を短絡した場合、3-1間が⑥____[Ω]となってしまい、やはり、等価ではない。

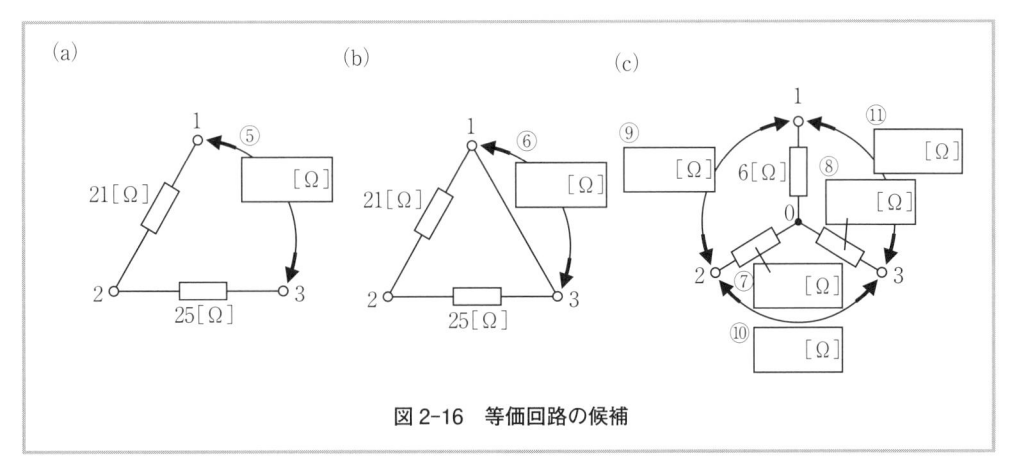

図2-16 等価回路の候補

・図2-16(c)の案は、1,2,3端子を逆Y型（中心をOとする）に接続した回路である。この場合は、1,0間を6[Ω]、2,0間を⑦____[Ω]、3,0間を⑧____[Ω]とすれば、1-2間、2-3間および3-1間がそれぞれ、⑨____[Ω]、⑩____[Ω]および⑪____[Ω]となり、図2-15(a)の各端子間の抵抗に一致する。したがって、(c)案がΔ回路の等価回路になることがわかる。

第2章 直流回路の解法 53

2.2 Δ−Y変換

学習内容 Δ−Y変換式の導出、Δ回路とY回路が等価であることの確認
目標 Δ−Y変換公式が導出でき、これを利用して回路計算ができる。

・上述したことから分かるように、Δ回路はそれと等価なY回路に、逆にY回路はそれと等価なΔ回路に変換できる。これを、①_____変換（Yは②_____と読む）という。

2.2(1) Δ−Y変換式

・図2-17(a)のΔ回路と同図(b)のY回路を、相互に変換する式を求める。

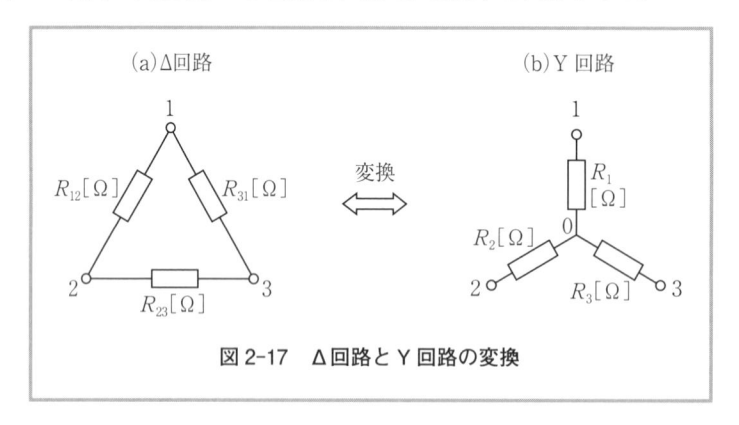

図2-17 Δ回路とY回路の変換

[1] Δ→Y

・図2-17(b)における端子1,2間の抵抗を左辺に、同図(a)における端子1,2間の抵抗を右辺に記述し、それらを等しいとおくと、(2-13)式になる。

$$\text{端子}1,2\text{間} \quad R_1+R_2=\frac{R_{12}(R_{23}+R_{31})}{R_{12}+R_{23}+R_{31}} \tag{2-16}$$

以下、同様に端子2,3間、端子3,1間の抵抗を求める。

$$\text{端子}2,3\text{間}③\underline{\quad\quad}=\underline{\quad\quad\quad\quad\quad\quad} \tag{2-17}$$

$$\text{端子}3,1\text{間}④\underline{\quad\quad}=\underline{\quad\quad\quad\quad\quad\quad} \tag{2-18}$$

(2-16)式、(2-17)式、(2-18)式の左辺、右辺をそれぞれ加算すると、

$$⑤\,2(R_1+R_2+R_3)=\underline{\quad\quad\quad\quad\quad\quad} \tag{2-19}$$

(2-19)式の両辺を2で除した式から(2-17)式、(2-18)式、(2-16)式をそれぞれ差し引くことで、

Δ→Y変換式は、

$$R_1=\frac{R_{31}R_{12}}{R_{12}+R_{23}+R_{31}} \quad [\Omega] \tag{2-20}$$

⑥ $R_2 = \underline{\qquad\qquad\qquad}$ [Ω]　　　　　　　(2-21)

⑦ $R_3 = \underline{\qquad\qquad\qquad}$ [Ω]　　　　　　　(2-22)

となる。

[2] Y→Δ

・Y→Δ変換式は、以下の数式処理で求められる。

(2-20)式×(2-21)式、(2-21)式×(2-22)式、(2-22)式×(2-20)式を左辺、右辺それぞれ加算すると、

$$R_1R_2 + R_2R_3 + R_3R_1 = \frac{R_{12}R_{23}R_{31}\cancel{(R_{12}+R_{23}+R_{31})}}{(R_{12}+R_{23}+R_{31})^{\cancel{2}}} \quad (2\text{-}23)$$

(2-23)式の右辺を約分後、左辺、右辺を、(2-22)式の左辺、右辺でそれぞれ除して、

$$\frac{R_1R_2+R_2R_3+R_3R_1}{R_3} = \frac{R_{12}\cancel{R_{23}}\cancel{R_{31}}}{\cancel{(R_{12}+R_{23}+R_{31})}} \Big/ \frac{\cancel{R_{23}}\cancel{R_{31}}}{\cancel{(R_{12}+R_{23}+R_{31})}}$$

したがって、R_{12}についてのY→Δ変換式は、

$$R_{12} = \frac{R_1R_2 + R_2R_3 + R_3R_1}{R_3} \quad [\Omega] \quad (2\text{-}24)$$

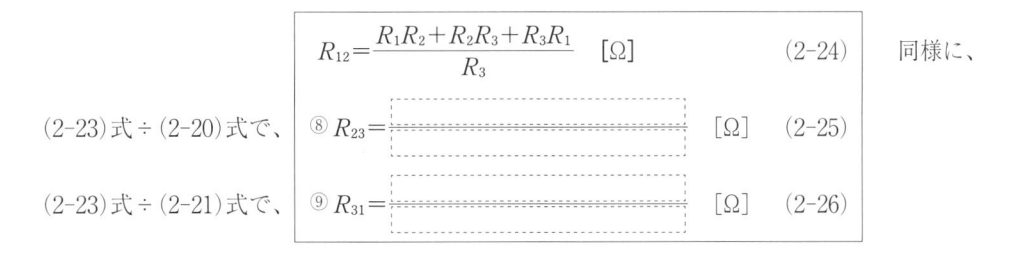

同様に、

(2-23)式÷(2-20)式で、⑧ $R_{23} = \underline{\qquad\qquad\qquad}$ [Ω]　(2-25)

(2-23)式÷(2-21)式で、⑨ $R_{31} = \underline{\qquad\qquad\qquad}$ [Ω]　(2-26)

＜2.2(1)例題＞

[1] 図2-18のab端子間の抵抗R[Ω]を、Δ→Y変換を用いて求めよ。

（解答）

計算がしやすい左側のΔを、(2-20)式〜(2-22)式を用いてYに変換し、図2-19を得る。ただし、

$$r_a = \frac{2\times 5}{2+3+5} = 1[\Omega],$$

⑩ $r_c = \underline{\qquad\qquad} = \underline{\qquad}$ [Ω],

⑪ $r_d = \underline{\qquad\qquad} = \underline{\qquad}$ [Ω]

直並列回路計算により、

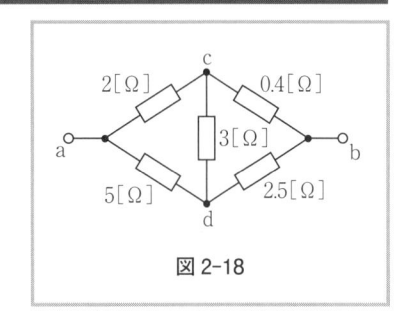

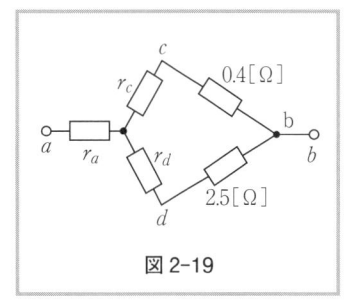

⑫ $\therefore R = 1 + \underline{\qquad\qquad} = \underline{1.8[\Omega]}$

図2-18

図2-19

<2.2(1)練習問題>

[1] 問図2-24の回路に、Δ→Y変換を適用し、電流 I[A]を求めよ。

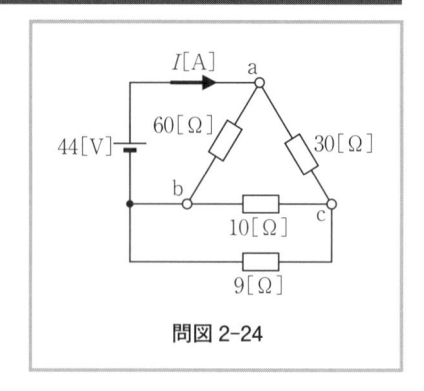

問図 2-24

[2] 問図2-25の回路に、Δ-Y変換を適用して、af端子間の合成抵抗 R[Ω]の値を求めよ。

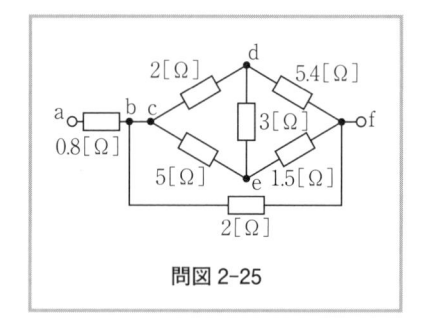

問図 2-25

[3] 問図2-26の回路において、全ての抵抗はR[Ω]である。Δ−Y変換を利用し、この回路のab端子間の合成抵抗 R_0[Ω] の値を求めよ。

問図 2-26

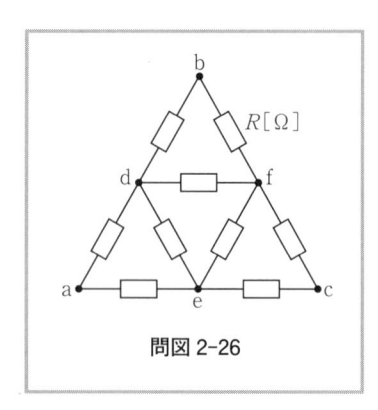

[4] 問図 2-27 の回路において、ae 端子間の合成抵抗 $R[\Omega]$ の値を求めよ。解法は問わない。

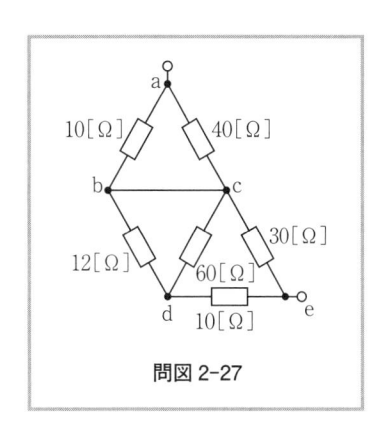

問図 2-27

[5] 問図 2-28 の回路の電圧 $V_0[V]$ を、$\Delta - Y$ 変換を用いて求めよ。

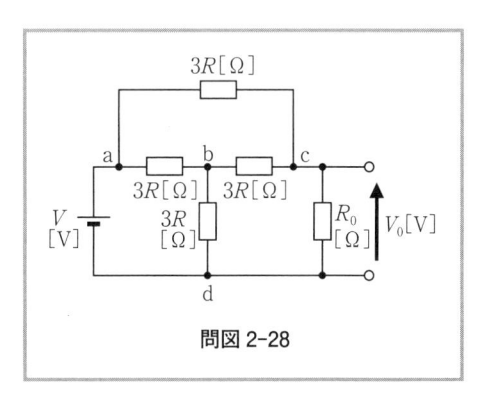

問図 2-28

2.2(2) Δ-Y 変換と2点間の電圧計算による電流計算

- 図 2-20 のブリッジ回路において、電流 I_1, I_2 および I_5 を求めることを考える。
- 考えるべきポイントは次の2つである。

(ⅰ) ブリッジ回路には acd、bcd の2つのΔ回路が含まれる。どちらのΔ回路を変換すべきか？

→ I_1, I_2 を求めるための計算量が少なくて済む、⑬<u>acd, bcd</u> のΔ回路を Y 変換するのが適当であろう。

(∵ 逆にすると、I_1, I_2 が回路図から消えてしまう)。
変換した回路は図 2-21 となる。

(ⅱ) I_5 をどのようにして求めるか。

→ ・図 2-20 において、I_5 が流れるのは抵抗⑭____である。そこで、R_5 に加わる電圧、すなわち、⑮___点基準の⑯___点の電圧、すなわち、⑰$V_{\_\_}$ を求め、この電圧を R_5 で除すことで I_5 を求める。図 2-20 および図 2-21 に、電圧⑰$V_{\_\_}$ の矢印とその電圧記号を記入せよ（図 2-20 と図 2-21 は等価であるから、⑰$V_{\_\_}$ は同じ値になる）。

(注意：基準点を逆にして V_{dc} を求めると、I_5 と V_{dc} が同方向となるため、I_5 を求める式の符号を − (負)にしなければならない)。

- V_{cd} はいくつかの方法で求められるが、ここでは、I_1, I_2 を利用し、R_1, R_2 に加わる電圧、あるいは、図 2-21 の R_c, R_d に加わる電圧を得、その電圧を用いた2点間の電圧計算により、V_{cd} を求める方法が、計算量が少ない。

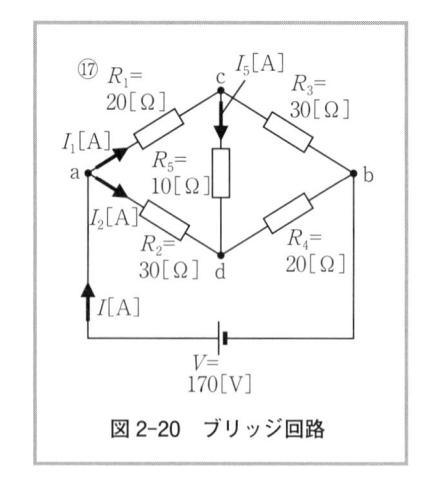

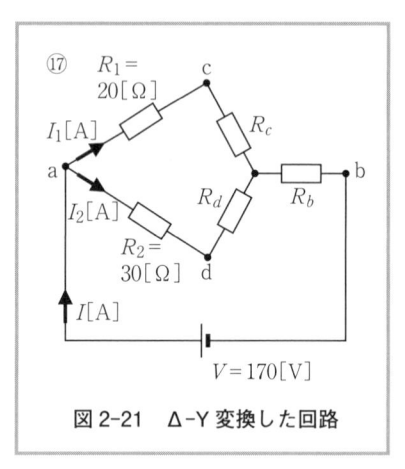

＜2.2(2)例題＞

[1] 上述したポイントを参考に、図 2-20 の回路について、(1) ab 端子間の全抵抗値 $R[\Omega]$ および、(2) 電流 I_1, I_2 および I_5 を求めよ。

(解答)

(1) Δ−Y 変換により、⑱ $R_b =$ _____ = ____ $[\Omega]$、

⑲ $R_c =$ _____ = ____ $[\Omega]$、⑳ $R_d =$ _____ = $\dfrac{10}{3}[\Omega]$ ゆえ、変換後の回路は図 2-22 になる。同図において、ab 端子間の全抵抗は、直並列回路計算により

$$R = 10 + \frac{(20+5)(30+10/3)}{20+5+30+10/3} = 10 + \frac{25 \times (100/3)}{25 + 100/3} = 10 + \frac{2500/3}{175/3} = \frac{170}{7}[\Omega]$$

(2) 全電流は、$I=\dfrac{V}{R}=\dfrac{170}{170/7}=7$[A]、分流則より、

㉑ $I_1=$ ────── ×7$=\dfrac{100}{175}×7=\underline{4\text{[A]}}$

∴ $I_2=I-I_1=\underline{3\text{[A]}}$、$R_1, R_2$ に加わる電圧を図のように、V_1, V_2 とし、それぞれを I_1, I_2 および R_1, R_2 により表すと、

㉒ $V_1=$ ＿＿ ・ ＿＿ ＝ ＿＿ × ＿＿ ＝80[V]、

㉓ $V_2=$ ＿＿ ・ ＿＿ ＝ ＿＿ × ＿＿ ＝90[V]

そこで、V_{cd} を V_1, V_2 で表すと、

㉔ $V_{cd}=$ ＿＿ − ＿＿ ＝ ＿＿ − ＿＿
$=10$[V]　I_5 を V_{cd} と R_5 により求めると、

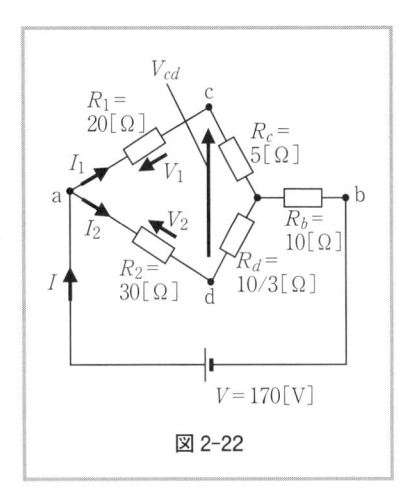

㉕ ∴ $I_5=$ ────── ＝ ────── $=\underline{1\text{[A]}}$

図2-22

<2.2(2)練習問題>

[1] 問図2-29の回路の抵抗はすべて$3R$[Ω]である。回路にΔ-Y変換を適用し、電流Iの値を求めよ。

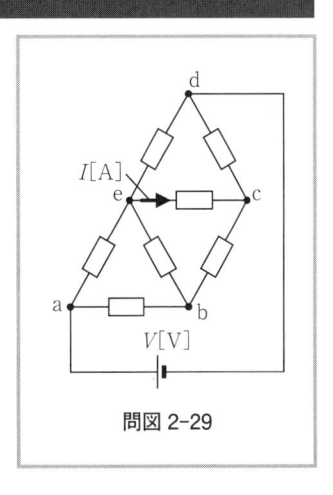

問図2-29

2.3 重ねの理

学習内容 重ねの理の導出と、その成立のための条件（線形性）
目　標 電圧源を含む回路において、重ねの理を適用して電流、電圧の計算ができる。

- 図2-23に示す、**電圧源が2つある回路の電流**は、これまでの知識では解けない。
- このような電圧源が複数ある問題を解くヒントを得るために、図2-24(a)の回路の電流I[A]を求める。
- 図(a)でIは、「V_1, V_2, V_3で表したad端子間の電圧」を、抵抗Rで除すことで求められる。このIを表す式を、図(a)の下にある①□□□に記入せよ。この式を(2-27)式とする。

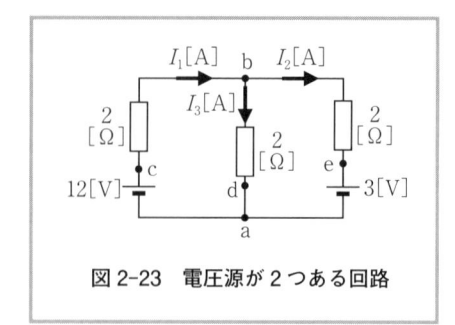

図2-23　電圧源が2つある回路

- この式は、電圧V_1, V_2, V_3を分けた3つの式に書き換えることができる。同図(b), (c)の下にある②、③□□□に、それぞれの式を記入せよ〈図(d)については記入済みである〉。
- さらに、この3つに分けた式は、それぞれが電流を表すゆえ、それらを(2-28)式のように、I', I'', I'''とおく。
- この結果、同図(b)であれば、$I' = \dfrac{V_1}{R}$となる。このような電流が図(b)に流れるには、ab端子間に電圧④___の電圧源が存在し、bcおよびcd端子間が⑤短絡、開放され、さらに、電流I'を同図(a)のIと⑥同じ、逆方向に記入しなければならない（以上にしたがって、同図(b)を完成させよ。さらに、同様の考え方で図(c)、図(d)も完成させよ。図(d)では、I'''は、Iと⑦同じ、逆方向になることに注意しなくてはいけない）。

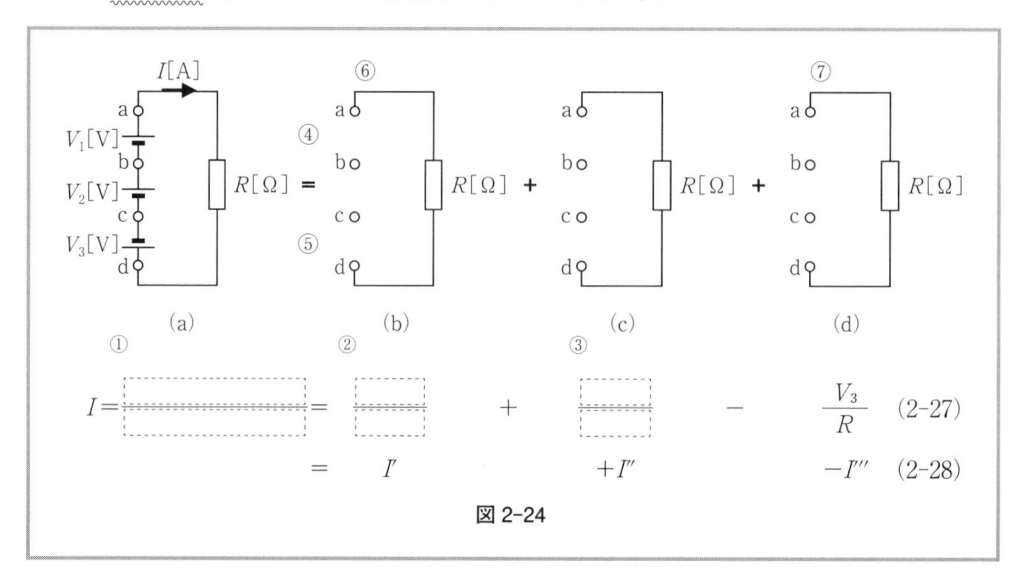

$$I = \underbrace{}_{①} = \underbrace{}_{②} + \underbrace{}_{③} - \dfrac{V_3}{R} \quad (2\text{-}27)$$

$$= I' + I'' - I''' \quad (2\text{-}28)$$

図2-24

- 以上のことから、複数の電圧源が存在する場合の電流計算は、1つずつの電圧源に分けて電流を求めた後、それらを加減算（これを**重ねる**と表現する）すればよいことがわかる。このことから、この解法を⑧＿＿＿＿の理という（重ねの理が成立する条件については、本節の最後の＜参考＞に示した）。

- 重ねの理は、**電圧の計算においても、同様に成り立つ**。重ねの理による解法をまとめると、以下のようになる。

重ねの理による解法

(1) 電圧源を個別にした回路を作成する。注目する電圧源以外は⑨ 短絡、開放する。
　（このようにしてよいのは、電圧源の内部抵抗が⑩＿＿＿[Ω]のためである）。

(2) 個別の回路ごとに、電流または電圧を仮定し、その値を求める。

(3) 個別の回路について求めた電流または電圧を加減算して（重ねて）、もとの回路に流れる電圧または電流を求める。

＜2.3 例題＞

[1] 図2-25の電流I_1およびI_3を重ねの理により求めよ。
（解答）

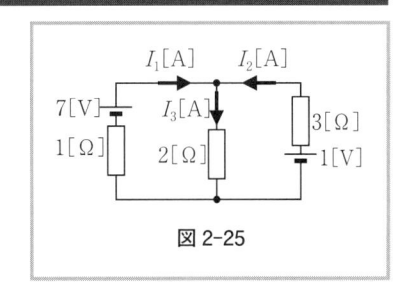

- 重ねの理を適用するために、図2-26(a)および(b)の2つの回路に分ける。

- 図(a)において、**電圧7[V]の正方向にしたがって、図の方向に**I'_1, I'_3**をとると**、I'_1, I'_3は⑪ 正、負の値をとり、

$$I'_1 = \frac{1}{1+\frac{2\times 3}{2+3}} \times 7 = \frac{35}{11}、\text{分流則より、}$$

⑫ $I'_3 = \boxed{} \times I'_1 = \frac{3}{5} \times \frac{35}{11} = \frac{21}{11}$

- 図(b)において、電圧1[V]の正方向にしたがって、図の方向にI''_1, I''_2, I''_3をとると、

$$I''_2 = \frac{1}{3+\frac{1\times 2}{1+2}} = \frac{3}{11}、\quad \text{分流則より、}$$

⑬ $I''_1 = \boxed{} \times I''_2 = \frac{2}{3} \times \frac{3}{11} = \frac{2}{11}$

∴ $I''_3 = I''_2 - I''_1 = \frac{1}{11}$

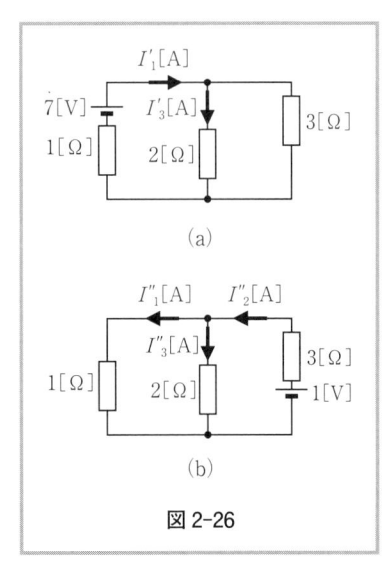

- 重ねの理より、I_1をI'_1, I''_1で表すと、⑭ $I_1 = \underline{} = \underline{} = \underline{3}[A]$

I_3をI'_3, I''_3で表すと、⑮ $I_3 = \underline{} = \underline{} = \underline{2}[A]$

図2-25

図2-26 (a) (b)

<2.3 練習問題>

[1]（各自で作る問題）

問図 2-30 の回路の電圧源 V_1, V_3 [V] および抵抗 R_1, R_2, R_3 [Ω] の具体的な値を**各自で**決めよ。ただし、V_1, V_3, R_1, R_2, R_3 の値はそれぞれ異なる値とすること。

(1) 電流 I_1, I_2, I_3 [A] の具体的な値を重ねの理を用いて求めよ。なお、I_1, I_2, I_3 は**いずれも 0 ではない**こと。もし、0 になる電流があった場合は、V_1, V_3, R_1, R_2, R_3 の値を適宜、変更し、やり直すこと。

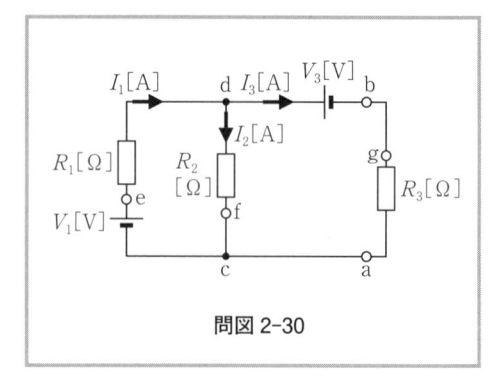

(2) (1)で求めた I_1, I_2, I_3 [A] が正しいことを確認するために、c 点基準の d 点の電圧 V_{dc} [V] を、経路 ced, cfd, cgd の 3 つの経路についてそれぞれ求め、それらが一致することを確認せよ。

問図 2-30

[2] 問図 2-31 において、電圧 V_2[V] および V_3[V] を重ねの理を用いて求めよ。なお、解答には分圧則が含まれること。

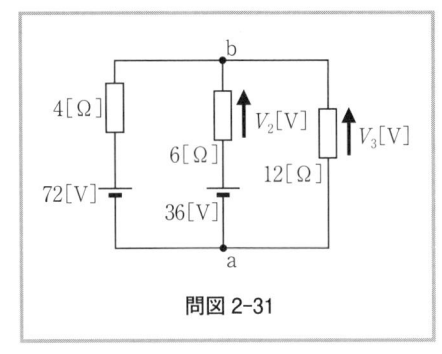

[3] 問図 2-32 の回路において、電流 I_1[A], I_2[A] を重ねの理を用いて求めよ。

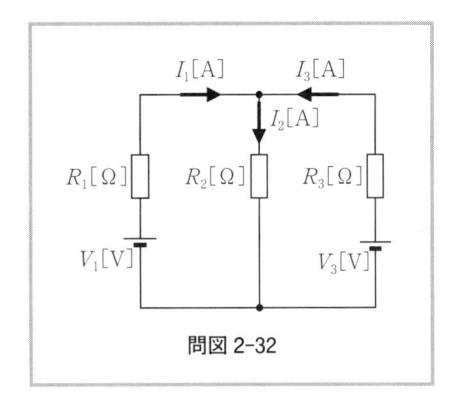

[4] (1) 問図 2-33 の抵抗に加わる電圧 V_1, V_2[V]を、重ねの理を用いて求めよ。

(2) (1)の結果を用いて、$V_2=0$ となる R の値を求めよ。

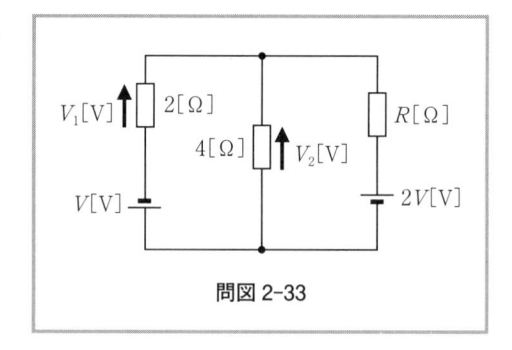

問図 2-33

<参考>

- これまでに説明した「重ねの理」が成り立つのは、**抵抗の値が、電圧・電流の値によらず一定**である（これを、電圧と電流の関係が**線形**であるという）ことが条件となっている。一般的な抵抗では、この条件が成り立っていると考えてよい。
- 以下で、抵抗が線形である場合と、線形ではない場合（これを**非線形**という）を対比させて説明する。
- 図2-27(a-ⅰ)に示す2つの電圧源を持つ回路を、1つずつの電圧源の回路〈同(a-ⅱ), (a-ⅲ)〉

に分ける。

- 同図(b)に示すように抵抗が線形の場合、図の$\triangle$oabと$\triangle$dfgは**合同**である。したがって、電圧V_1による電流I'〈同図(a-ⅱ)〉と電圧V_2による電流I''〈同図(a-ⅲ)〉を加算した電流$I'+I''$は、電圧V_1とV_2を一度に加えたときの電流Iと一致する。したがって、重ねの理が成立する。
- 同図(c)に示すように抵抗が非線形の場合、図の$\triangle$oabと$\triangle$dfhは**合同**ではない。したがって、電流$I'+I''$は一致せず、重ねの理は成立しない。

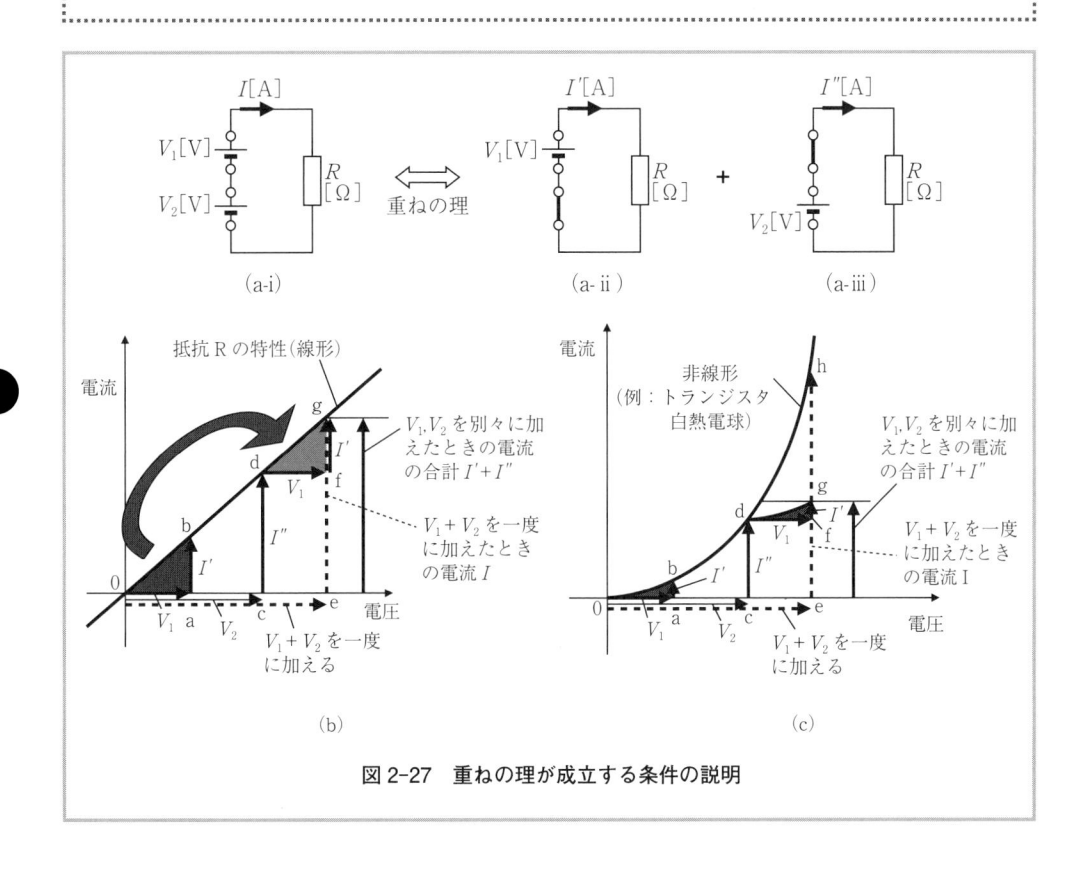

図2-27 重ねの理が成立する条件の説明

2.4 キルヒホッフの法則－枝電流法

学習内容 閉回路の2点間の電圧計算からの枝電流法の導出
目標 枝電流法による回路方程式が立式ができ、これを解いて電流が計算できる。

・これまでに紹介したいくつかの方法で直流回路を解くことができる。しかし、回路によっては、これまでの方法を組み合わせることが必要になり、計算量が増加する。例えば、図2-28に示すやや複雑な回路では、Δ-Y変換と重ねの理の組み合わせが必要になる。

・そこで、より少ない計算量で、合理的に回路を解く方法が考えられた。その1つが、「**キルヒホッフの法則**」である。

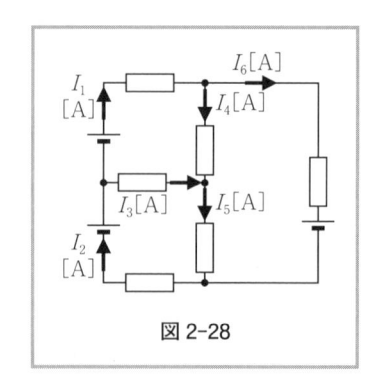

・キルヒホッフの法則は、オームの法則を拡張したものであり、回路の**抵抗**と、それに加えた**電圧**、および回路に流れる**電流**の関係を表す**複数の回路方程式**を作って、それを**連立**させて解くことで、電流を求める方法である。

・それでは、回路方程式を作るには、これまでに学んだ内容のうち何を利用すればよいだろうか。それは、1.5(5)で取り上げた**2点間の電圧計算**の利用である。

・簡単な例として、図2-29の回路を考える。未知数は1つ（電流I）であるから、必要な方程式は1つである。

・この図で、A点基準のA点の**電圧**V_{AA}を求める。

・**まず回路を一巡りする経路**（この経路を① ＿＿＿＿＿（輪、環）、あるいは**閉路**という）を決める。ここでは、図に示すABB'A'Aのループとする。このループに沿って、A点基準のA点の電圧V_{AA}を調べる。ループに沿って、「**電源電圧**V」と「**抵抗Rに加わる電圧RI**」が存在する（②図の ＿＿＿ に、電圧RIを矢印とともに記入せよ）から、それら電圧の方向を考えて、V_{AA}を求めると、

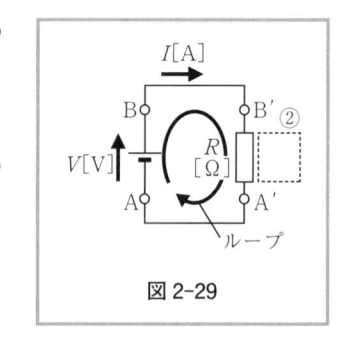

③ $V_{AA}=$ ＿＿＿＿＿＿＿＿＿

一方、A点を基準とするときのA点自身の電圧は明らかに、

④ $V_{AA}=$ ＿＿＿

この2つの式の右辺を等しいとおくことで、**回路方程式**

⑤ ＿＿＿＿＿＿＿ $=0$ を得ることができる。この方程式を解けば、電流Iが求まる。

・この考え方を、図2-30の回路に適用し、電流I_1, I_2, I_3を求める方法を検討する。この場合、未知数が3つあるから、互いに独立した3つの方程式が必要になる。

- まず、A 点基準で、ABCDEA をめぐる右回りの経路をループ a とし、このループに沿って、**電圧 V_{AA}** を計算する。そして、それを 0 とおくと、次式になる（図には、ループを示す記号⤴、および、抵抗 R_1, R_3 に加わる電圧の矢印と式を示した）、

  ⑥ $V_{AA}=$ _____ $=0$

図 2-30 キルヒホッフの法則の説明図

- この式を、左辺が電源電圧の総和、右辺が抵抗に加わる電圧の項の総和となるように整理すると、

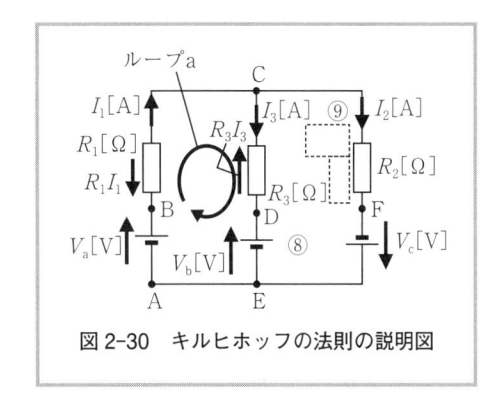

  ⑦ _____ $=$ _____ (2-29)

  以上で、1 つ目の回路方程式が得られた。

- 次に、E 点基準で、経路 EDCFE をめぐる右回りの経路をループ b とする（⑧同図にループ記号⤴を記入し、さらに⑨抵抗 R_2 に加わる電圧の矢印と式を □ に記入せよ）。ループ b に沿って**電圧 V_{EE}** を求めると、

  ⑩ $V_{EE}=$ _____ $=0$

- これを、上記と同様に書き直すことで、2 つ目の方程式

  ⑪ _____ $=$ _____ (2-30)

  が得られる。

- 第 3 の方程式は、どのように立てるべきであろうか。思いつくのは、A 点基準で、経路 ABCFEA をめぐる右回りの経路をループ c とする、**電圧 V_{AA}** ではないだろうか。この場合、

  ⑫ $V_{AA}=$ _____ $=0$

  ⑬ ∴ _____ $=$ _____ (2-31)

  が得られる。

- しかし、残念ながら、この式を使うことはできない。いま、(2-29)式と(2-30)式について、左辺、右辺をそれぞれ加算してみると（結果を ▭ に記入せよ）、

$$V_a-V_b=R_1I_1+R_3I_3$$
$$+)\ V_b+V_c=R_2I_2-R_3I_3$$

  ⑭ _____

  となる。この結果は、(2-31)式と同じになり、(2-31)式は独立な式ではないことがわかる。

- では、もう 1 つの式は、どのようなものであろうか。それは、C 点（あるいは E 点）における電流 I_1, I_2, I_3 の流入、流出の関係を与える式となる。すなわち、

  ⑮ $I_1=$ _____ (2-32)

  である。

- 以上の、(2-29)式，(2-30)式，(2-32)式のを連立させることで、電流 I_1, I_2, I_3 を計算できる。

- 図2-30において、C点、E点は、電流が**分岐**する点であるため、⑯_____点あるいは節点という。この分岐点を結ぶ線（CBAE、CDEなど）を枝という。この方法は、**枝**に流れる**電流**について方程式を立てて解くので、キルヒホッフの法則のうちの、⑰_____法と呼ばれる。
- (2-32)式は**電流**についての関係のため、キルヒホッフの第1法則（⑱_____則）と、(2-29)式，(2-30)式は**電圧**についての関係のため、キルヒホッフの第2法則（⑲_____則）と呼ばれる。以下に、キルヒホッフが提案した枝電流法による解法をまとめて示す。

・キルヒホッフの法則－枝電流法

(1) 各枝に、電流を仮定する（方向は任意、答えが負ならば、実際の方向が逆ということ）。

(2) 分岐点にキルヒホッフの第1法則（電流則）を立てる。

(3) 回路に必要な数のループを考え（ループの決め方は後述）、それぞれのループにキルヒホッフの第2法則（電圧則）を立てる。

(4) (2)、(3)で得られた方程式を連立方程式として解き、枝電流を求める。

●第1法則（電流則）
分岐点に流入する電流の総和は、流出する電流の総和に等しい＜(2-32)式が該当＞または、
分岐点に流入する電流と流出する電流の符号を逆にとって、それらの総和は0である

●第2法則（電圧則）
1つのループにおいて、「電源電圧」の総和は、「抵抗と電流の積」の総和に等しい
＜(2-29)式，(2-30)式が該当＞

＜符号＞
ループを巡る方向と、「電源電圧」の方向が同じとき、その符号を正にとる。

＜符号＞
ループを巡る方向と、抵抗に流れる電流の方向が同じとき、「抵抗と電流の積」の符号は正となる。

＜第2法則における「電源電圧」および「抵抗と電流の積」の符号の確認＞

(2-29)式において、V_aの方向はループaの方向と⑳同じ、逆ゆえ、その符号は㉑正、負。V_bの方向はループaの方向と㉒同じ、逆ゆえ、その符号は㉓正、負。I_1およびI_3の方向はループaの方向と㉔同じ、逆ゆえ、R_1I_1およびR_3I_3の符号は㉕正、負。

(2-30)式において、V_bおよびV_cの方向はループbの方向と㉖同じ、逆ゆえ、その符号は㉗正、負。I_2の方向はループbの方向と㉘同じ、逆ゆえ、R_2I_2の符号は㉙正、負、I_3の方向

はループbの方向と㉚同じ、逆ゆえ、$R_3 I_3$の符号は㉛正、負。

<2.4 例題>

[1] 図2-31の回路において、キルヒホッフの第1法則（電流則）により、電流I_5[A]の具体的な値を求めよ。
(解答)

・キルヒホッフの第1法則（電流則）は、「分岐点に**流入**する電流の総和は、**流出**する電流の総和に等しい」である。

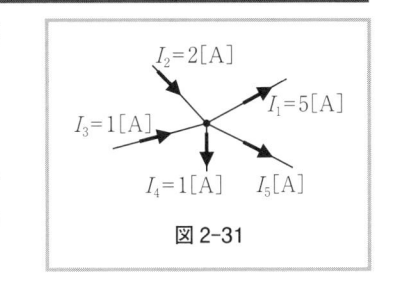

・図2-31で流入する電流は㉜ I_1, I_2, I_3, I_4, I_5、流出する電流は㉝ I_1, I_2, I_3, I_4, I_5であるから、㉞ $I_2+I_3=$ ＿＿＿＿＿＿、具体的な値を代入して、
$2+1=5+1+I_5$、 ∴ $I_5=3-6=-3$[A]

（I_5が負であるということは、図2-31に示されたI_5の方向と逆の方向に、3[A]が流れることを示している）。

[2] 図2-32において、電流I_1, I_2, I_3[A]を枝電流法により求めよ。ただし、方程式の解法には、加減法が含まれること（加減法については、1.6節 練習問題[3]参照）
(解法)

●分岐点A（またはB）において、電流則を適用して、

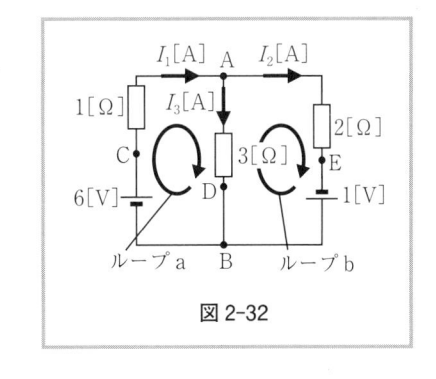

$$㉟ I_1 = \text{＿＿＿＿＿} \quad \cdots(\text{i})$$

●ループa、ループbを図2-32のようにとり、電圧則を適用する。

(a) ループa

・ループ上に存在する電源電圧は6[V]のみ。その方向はループaの方向と㊱同じ、逆ゆえ、その符号は㊲正、負。

・存在する抵抗は1[Ω]と3[Ω]

1[Ω]を流れる電流I_1の方向は、ループaの方向と㊳同じ、逆ゆえ、1[Ω]×I_1[A]の符号は㊴正、負。

3[Ω]を流れる電流I_3の方向は、ループaの方向と㊵同じ、逆ゆえ、3[Ω]×I_3[A]の符号は㊶正、負。

したがって、回路方程式は、

$$6 = I_1 + 3I_3 \quad \cdots(\text{ii})$$

(b) ループb

- ループ上に存在する電源電圧は1 [V]のみ。その方向はループbの方向と㊷同じ、逆ゆえ、その符号は㊸正、負。
- 存在する抵抗は2[Ω]と3[Ω]

    2[Ω]を流れる電流I_2の方向は、ループbの方向と㊹同じ、逆ゆえ、2[Ω]×I_2[A]の符号は㊺正、負。

    3[Ω]を流れる電流I_3の方向はループbの方向と㊻同じ、逆ゆえ、3[Ω]×I_3[A]の符号は㊼正、負。

したがって、回路方程式は、

$$1 = 2I_2 - 3I_3 \quad \cdots\text{(iii)}$$

- 未知数の数を減らすために、I_1を消去する。

(ⅱ)式に(ⅰ)式を代入して

$$6 = I_2 + 4I_3 \quad \cdots\text{(ⅱ')}$$

加減法により、I_2を消去する。そのために、(ⅱ')式,(iii)式におけるI_2の係数を同じにすべく、(ⅱ')式×2−(iii)式の計算を行う。

$$
\begin{array}{r}
㊽\underline{\quad} = \underline{\quad}I_2 + \underline{\quad}I_3 \cdots\cdots(\text{ⅱ}'\times 2) \\
-)\ 1 = 2I_2 - 3I_3 \cdots\cdots(\text{iii}) \\
\hline
11 = \qquad 11I_3 \\
\therefore I_3 = \underline{1}\,[\text{A}]
\end{array}
$$

- この結果を、(ⅱ)式および(iii)式に代入して、

$$I_1 = 6 - 3I_3 = 6 - 3 = \underline{3}\,[\text{A}]$$

$$I_2 = \frac{1 + 3I_3}{2} = \underline{2}\,[\text{A}]$$

<注意>

- キルヒホッフの第2法則（電圧則）を、「ループに沿う始点（基準点）、終点が同じである2点間の電圧は0」（例えば、図2-32のループaであれば、$V_{BB} = 6 - 1 \times I_1 - 3 \times I_3 = 0$）から立式することはもちろんできる。
- しかし、キルヒホッフは、いきなり、左辺に「電源電圧の総和」を、右辺に「**ループを巡る方向と電流の方向の関係をもとに符号を決めて、抵抗×電圧の総和**」を書くことを提案している。
- これは、次の節で紹介するキルヒホッフの法則のうちの「ループ電流法」が、同様の立式方法をとるためである。ループ電流法は、枝電流法に比べて計算量を減らすことができる便利な方法であるため、キルヒホッフの提案にそって立式できるよう習熟してほしい。

<2.4 練習問題>

[1] 問図 2-34 において、電流 I_1, I_2, I_3[A] を枝電流法により求めよ。ただし、図に示したループを用いること。

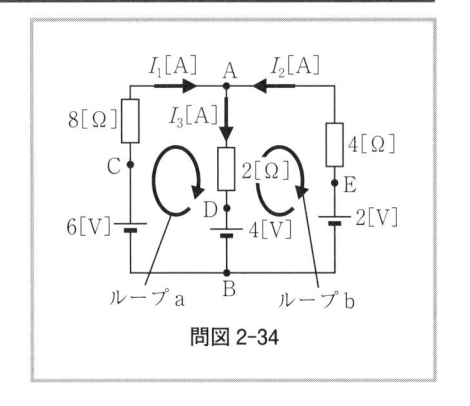

問図 2-34

[2] 問図 2-35 に、<2.3 練習問題>[1]（各自で作る問題）で設定した電圧源と抵抗の値をそれぞれ記入せよ。そして、電流 I_1, I_2, I_3[A] を枝電流法により求めよ。

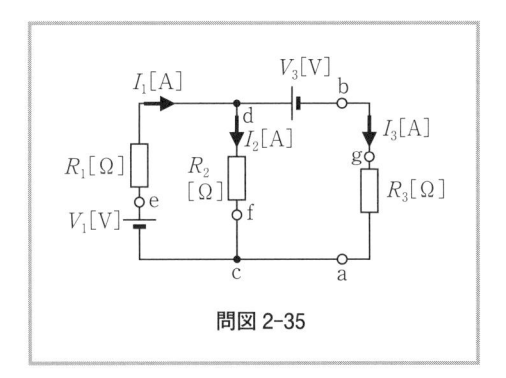

問図 2-35

[3] 問図 2-36 の回路の電流 I_2 を与える式は、
$I_2 = \dfrac{B}{R_1R_2+A}$ [A]と表される。
A, B にあてはまる式を、枝電流法を用いて求めよ。方程式の解法には加減法が含まれること。ただし、図に示したループを用いること。

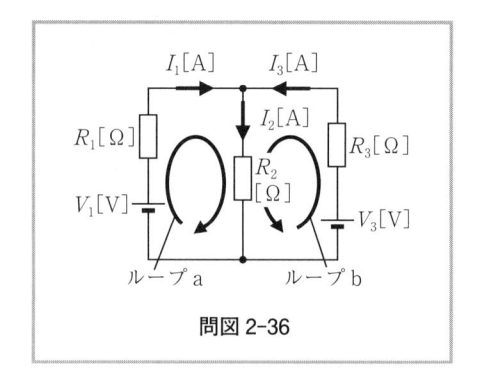

問図 2-36

[4] 問図 2-37 に、枝電流法を適用して、電流 I_2 [A] を与える式を求めよ。解法には、加減法が含まれること。ただし、図に指定したループを用いること。答えが繁分数（分子分母が分数である分数）はいけない。

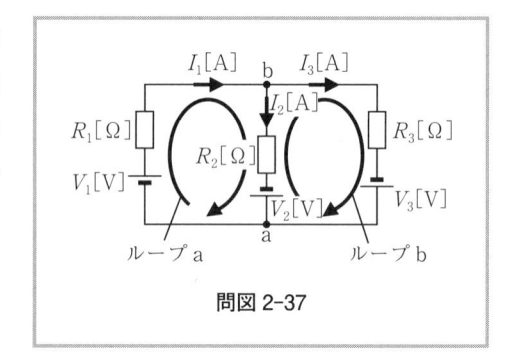

問図 2-37

[5] 問図 2-38 の電流 I_3 を枝電流法を用いて求めよ。回路に指定したループを用いること。

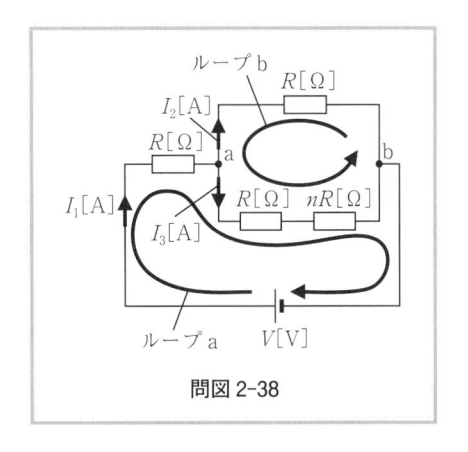

問図 2-38

[6] 問図 2-39 の回路の電流 I_2[A] を枝電流法により求めよ。回路に指定したループを用いること。

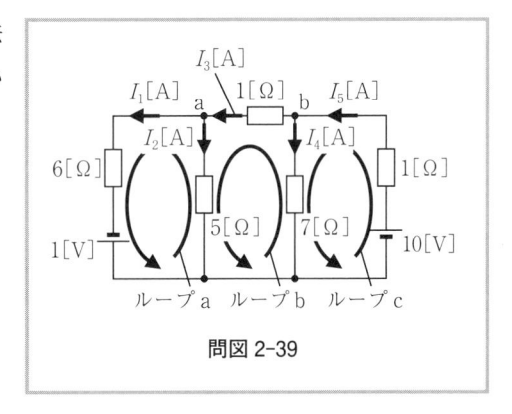

問図 2-39

[7] 問図 2-40 の回路の電流 I_5[A] を枝電流法により求めよ。回路に指定したループを用いること。

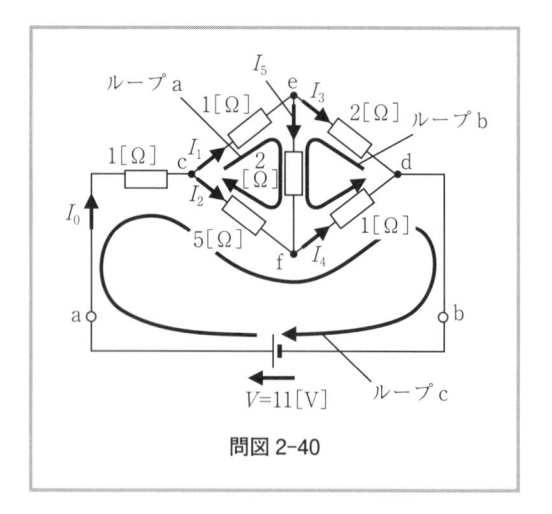

問図 2-40

2.5 キルヒホッフの法則-ループ電流法

学習内容 ループ電流による回路方程式の立式方法
目標 ループ電流法の立式ができ、これを解いて電流が計算できる。

- 図2-33は、＜2.4練習問題＞[7]に示した回路であって、電流$I_5=1[A]$を、枝電流法により求める問題であった。
- 未知電流が6個あるため、この回路を解くには、解答に示したように、つぎの6個の回路方程式を立式する必要があった。
- キルヒホッフの第1法則（電流則）より

  分岐点c　$I_0=I_1+I_2$　　　(2-33)

  分岐点e　$I_1=I_3+I_5$　　　(2-34)

  分岐点f　$I_2+I_5=I_4$　　　(2-35)

- キルヒホッフの第2法則（電圧則）より

  ループa：$0=I_1-5I_2+2I_5$　　　(2-36)

  ループb：$0=-2I_3+I_4+2I_5$　　　(2-37)

  ループc：$11=I_0+5I_2+I_4$　　　(2-38)

図2-33

- これらの連立方程式を解けば、I_5を求めることができる。しかし、多数の未知電流を順次消去してゆくのは煩雑である。

- そこで、もし、未知電流の個数を減らして、必要十分な方程式が立式できる方法があれば、計算は簡単化できる。その方法が、次に紹介する、キルヒホッフの法則のうちのループ電流法である。

2.5(1) ループ電流法の導出

- いま、図2-33において、ループa、ループb、ループcのそれぞれに沿って、**ループ状の電流$I_a, I_b, I_c[A]$が流れていると仮定する**。それを図示したのが図2-34である。
- このループ電流により、枝電流$I_0, I_1, I_2, I_3, I_4, I_5$を表すと、

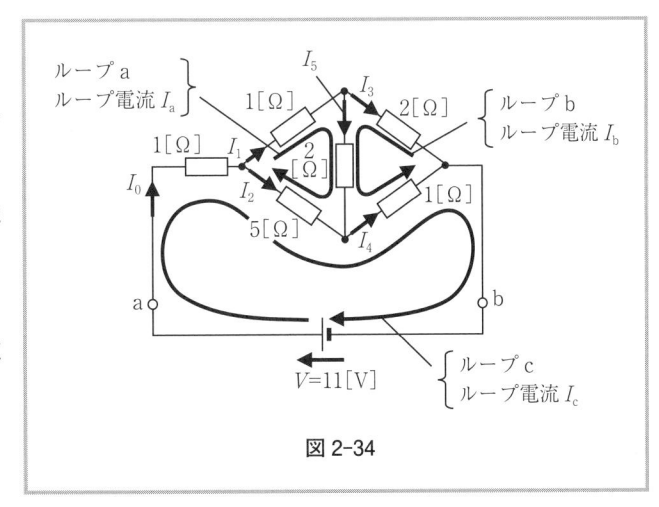

図2-34

$$I_0=I_c,\quad ①I_1=\underline{\qquad},\quad I_2=I_c-I_a$$
$$②I_3=\underline{\qquad},\quad ③I_4=\underline{\qquad},\quad ④I_5=\underline{\qquad} \Bigg\}\qquad(2\text{-}39)$$

(2-39)式を、(2-36)式,(2-37)式,(2-38)式にそれぞれ代入する。

・ループ a
$$0=I_a-5(I_c-I_a)+2(I_a+I_b)$$

この式の右辺を、I_a,I_b,I_c の順になるように整理する、
$$0=I_a-5I_c+5I_a+2I_a+2I_b$$
$$\therefore 0=\ 8I_a+\ 2I_b\ -5I_c \qquad(2\text{-}40)$$

以下、同様に、

・ループ b
$$⑤0=\underline{\qquad\qquad\qquad\qquad\qquad}$$
$$⑥0=\underline{\qquad\qquad\qquad\qquad\qquad}$$
$$\therefore 0=2I_a+5I_b+I_c \qquad(2\text{-}41)$$

・ループ c
$$⑦11=\underline{\qquad\qquad\qquad\qquad\qquad}$$
$$⑧11=\underline{\qquad\qquad\qquad\qquad\qquad}$$
$$\therefore 11=-5I_a+I_b+7I_c \qquad(2\text{-}42)$$

・以上により、ループ電流で表した3つの回路方程式が導出できた。ここでは枝電流I_5を求める必要がある。そこで連立方程式を解いてループ電流I_a,I_bを求め、最後に (2-39)式の内の $I_5=I_a+I_b$ を利用してI_5を得る。

・以上が**ループ電流**を用いて回路の電流を計算する**方法**である。この方法が、キルヒホッフの法則のうちの⑨ _____ 法と呼ばれる方法である。

・上記(2-42)式の続きとして、加減法を用いてループ電流I_a,I_bを求め、さらに枝電流I_5を求める計算例を示す。

<I_cの消去>　　　　　　　　　<I_aの消去>

(2-40)式+(2-41)式×5　　　　　（ⅰ）式×19−（ⅱ）式×2
$$\quad 0=\ 8I_a+\ 2I_b-5I_c \qquad\qquad 0=38I_a+57I_b$$
$$+)\ 0=10I_a+25I_b+5I_c \qquad -)-22=38I_a+68I_b$$
$$\quad 0=18I_a+27I_b \qquad\qquad\quad 22=-11I_b$$
$$\therefore\ 0=\ 2I_a+\ 3I_b\cdots\cdots(\text{ⅰ}) \qquad \therefore\ I_b=-2$$

(2-41)式×7−(2-42)式　　　　　これを(ⅰ)に代入
$$\quad 0=\ 14I_a+35I_b+7I_c \qquad\quad 0=2I_a+\ 3\times(-2)$$
$$-)11=-\ 5I_a+\ I_b+7I_c \qquad \therefore I_a=3$$
$$-11=\ 19I_a+34I_b\cdots\cdots(\text{ⅱ}) \qquad (2\text{-}39)\text{式より、}$$
$$\qquad\qquad\qquad\qquad\qquad\qquad I_5=\ I_a+I_b=3-2=\underline{1\text{[A]}}$$

・ループ電流法の手順をまとめると、以下のようになる。

> **キルヒホッフの法則―ループ電流法**
> (1) 回路に必要な数のループ電流を仮定する（方向は任意、答えが負ならば、実際の方向が逆ということ。ループの決め方は後述）。
> (2) 仮定したループ電流にもとづいて、それぞれのループにキルヒホッフの第2法則（電圧則）を立てる。このとき、全ての方程式をI_a, I_b, I_c…の順にそろえるとよい。
> 〔注意：前ページで示したように、枝電流の式からループ電流の式を導くのではなく、直接、ループ電流で回路方程式〈(2-40)式、(2-41)式、(2-42)式〉を立てる。その方が計算量が減る〕
> (3) (2)で得られた方程式を連立方程式として解き、ループ電流を求める。その後、必要な枝電流を求める。

●**ループ電流法における第2法則（電圧則）**
1つのループ（閉路）において、**電源電圧**の総和は、**抵抗と電流の積**の総和に等しい。

> <符号>
> 着目するループ電流の方向（=ループを巡る方向）と、「電源電圧」の方向が同じとき、その符号を**正**にとる。

⇒

> <符号>
> 着目するループ電流の方向（=ループを巡る方向）と、抵抗に流れるループ電流の方向が同じとき、「抵抗と電流の積」の符号は正となる。このとき、抵抗に流れる**全てのループ電流**を取り上げることが必要。

<第2法則における「電源電圧」および「抵抗と電流の積」の符号の確認>

・例として、図2-34におけるループ電流I_cと、そのループの方程式(2-42)に着目すると、
・ループを巡る方向（=ループ電流I_cの方向）と電源電圧11[V]の方向は⑩同じ、逆ゆえ、その符号は⑪正、負。
・ループを巡る方向とループ電流I_aの方向は⑫同じ、逆ゆえ、その経路にある「抵抗とループ電流I_aの積」、すなわち、$5 \cdot I_a$の符号は⑬正、負。
・ループを巡る方向とループ電流I_bの方向は⑭同じ、逆ゆえ、その経路にある「抵抗とループ電流I_bの積」、すなわち、$1 \cdot I_b$の符号は⑮正、負。
・ループを巡る方向とループ電流I_cの方向は当然、⑯同じ、逆ゆえ、その経路にある「抵抗とループ電流I_cの積」、すなわち、$(1+5+1) \cdot I_c$の符号は⑰正、負。

<2.5(1) 例題>

[1] 問図 2-35 において、ループ電流法により、電流 I_1, I_2, I_3[A] を求めよ。なお、ループ電流は図に示した I_a, I_b とすること。また、連立方程式の解法には、加減法が含まれること。

(解答)

(a) ループ I_a

・ループ I_a 上に存在する電源電圧は 6[V] のみ。ループ電流 I_a の方向(=ループを巡る方向)と、この電圧の方向は、⑱同じ、逆ゆえ、その符号は⑲正、負

・ループ I_a 上に存在する抵抗は 1[Ω] と 3[Ω]。ループ電流 I_a の方向とループ I_a の方向はもちろん⑳同じ、逆ゆえ、$(1[Ω]+3[Ω])×I_a$[A] の符号は㉑正、負。**抵抗 3[Ω] には、ループ電流 I_b も流れている**。その方向は、ループ電流 I_a の方向(=ループを巡る方向)と㉒同じ、逆ゆえ、$3[Ω]×I_b$[A] の符号は㉓正、負。したがって、回路方程式は

$$6=(1+3)I_a-3I_b$$
$$\therefore 6=4I_a-3I_b \cdots (\text{i})$$

(b) ループ I_b

・ループ I_b についても同様に考えて、回路方程式は

$$1=-3I_a+(2+3)I_b$$
$$\therefore 1=-3I_a+5I_b \cdots (\text{ii})$$

加減法により I_b を消去する。そのために、(i)式×5+(ii)式×3 の計算を行うと、

$$
\begin{array}{r}
㉔\underline{\qquad} = \underline{\qquad}I_a+\underline{\qquad}I_b \cdots\cdots(\text{i})×5 \\
+)㉕\underline{\qquad} = \underline{\qquad}I_a+\underline{\qquad}I_b \cdots\cdots(\text{ii})×3 \\
\hline
33=11I_a\phantom{+\underline{\qquad}I_b}
\end{array}
$$

$$\therefore I_a=3$$

これを(ii)に代入して、

$$I_b=2$$

ループ電流 I_a, I_b を用いて、枝電流 I_1, I_2, I_3 を求める。回路図より、

$$I_1=I_a=\underline{3}[A] \quad I_2=I_b=\underline{2}[A] \quad I_3=I_a-I_b=3-2=\underline{1}[A]$$

2.5(2) ループの決め方

・キルヒホッフの法則における必要十分なループの決め方は以下のとおりである。

(1) 対象とする回路〈図 2-36(a)〉において、すべての分岐点を通り、ループを含まない連続した線(これを木という)を作る。木は何通りか作り得るが、どれか 1 つに決める〈同図(b)〉。

(2) 木を決定したら、木に含まれない、分岐点と分岐点を結ぶ線（補木という）を一つずつ取り上げ、この補木と木（または、その一部）によりループを作る（補木は取り上げた1本だけを含み、2本以上を含んではいけない）〈同図(c)〉。したがって、補木の数だけループができる。このようにして決めたループが必要十分なループとなる。

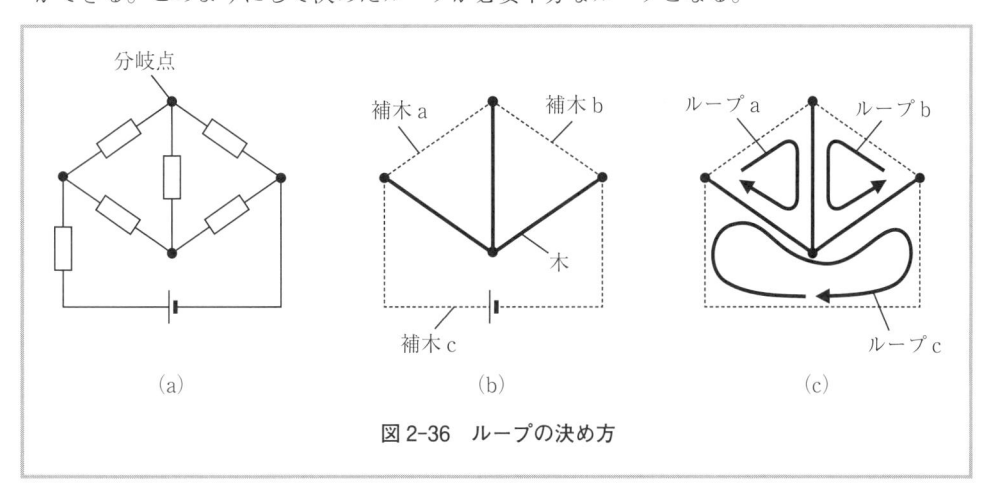

図2-36 ループの決め方

<2.5 練習問題>

[1] 問図2-41において、ループ電流法により電流I_1, I_2, I_3を求めよ。ただし、ループ電流は各自で仮定すること。また、加減法が含まれること。

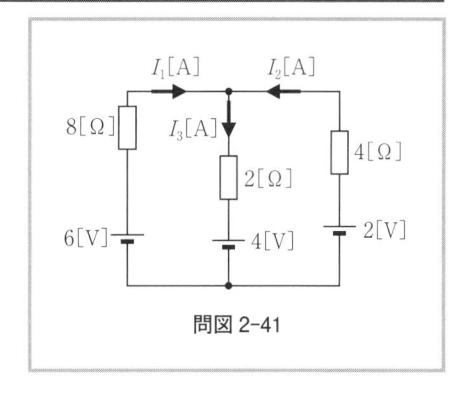

問図2-41

[2] 問図 2-42 に、＜ 2.3 練習問題＞[1]（各自で作る問題）で設定した電圧源と抵抗の値をそれぞれ記入せよ。そして、電流 I_1, I_2, I_3 [A] をループ電流法により求めよ。ただし、ループ電流は各自で仮定すること。

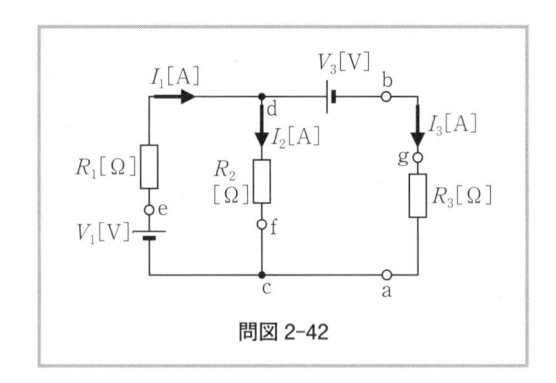

問図 2-42

[3] 問図 2-43 の電流 I_1[A] をループ電流法により求めよ。ただし、各自で必要十分なループ電流を仮定すること。

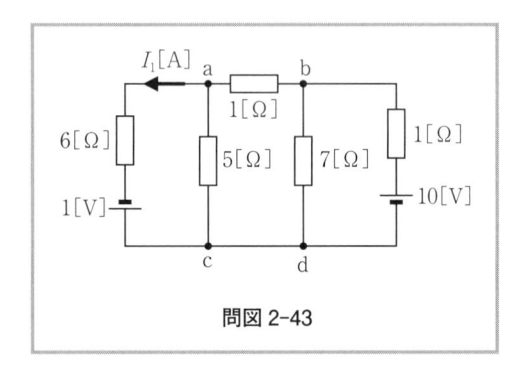

問図 2-43

[4] 問図 2-44 において、(1) ループ電流法により、電流 I_1, I_2, I_3 [A] を与える式を求めよ。解法には加減法を含むこと。

(2) 同図において、a 点基準の b 点の電圧 V_{ba} [V] を、経路 acb および経路 adb について求め、それらが一致することを示せ。

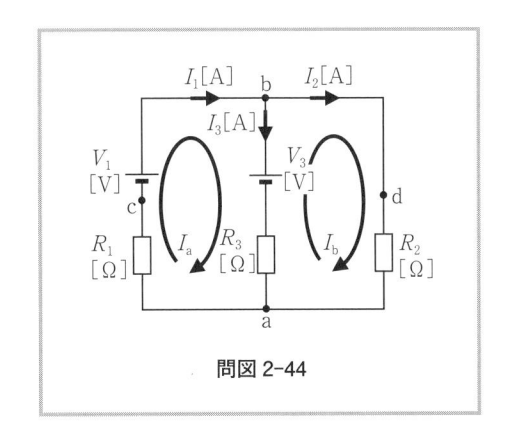

問図 2-44

[5] 問図 2-45 の回路のループ電流を求めた後、抵抗 R_0 [Ω] の両端電圧 V_0 [V] を求めよ。方程式の解法には加減法を含むこと。

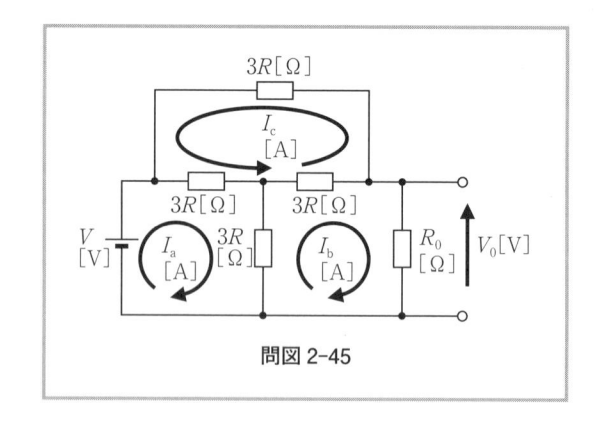

問図 2-45

[6] 問図 2-46 において、ループ電流法により電流 I_x を求めよ。ただし、解法には加減法を含むこと。

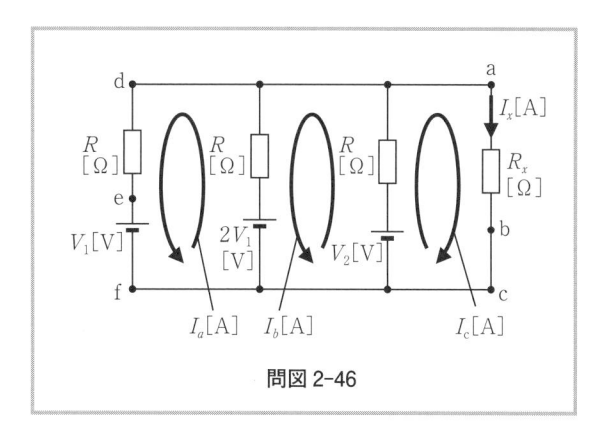

2.6 テブナンの定理

学習内容 テブナンの定理による電流の計算。
目標 テブナンの定理を理解でき、これを用いて回路計算ができる。

2.6(1) テブナンの定理とは

> 図2-37(a)のように、内部に電源を含む回路N_0において、
> - 任意の端子 ab 間を開放した状態で、ab 間に生じる開放電圧がV_0[V]であり、回路N_0内の全ての電圧源の電圧を0[V]として短絡（＝抵抗0[Ω]の電線でつなぐ）したときのab端子から回路N_0を見たときの抵抗がR_0[Ω]である（同図(b)）とする。
> - この回路N_0に、同図(c)のように、抵抗R[Ω]をつないだときに、これに流れる電流I[A]は、同図(d)のように、「開放電圧がV_0[V]の電圧源と、内部抵抗がR_0[Ω]である定電圧等価回路」に、抵抗R[Ω]をつないだときに流れる電流に等しく、
>
> $$I = \frac{V_0}{R_0 + R}[A] \tag{2-43}$$
>
> となる。この関係をテブナンの定理*という。

- この定理は、回路の電流計算を簡単化できる便利な方法である。
- ここでは、この定理の確認を以下のようにおこなう。1つは回路シミュレータによる実験データから、任意の回路が定電圧等価回路で表せることを確認する。もう1つは、重ねの理を用いた(2-43)式の証明である。

> *テブナンの定理は、後述する電流源を含む場合も成立する。この場合は、内部抵抗の計算において、電流源を開放する（∞の抵抗に置き換える）必要がある。これについては、2.7(6)項でとりあげる。

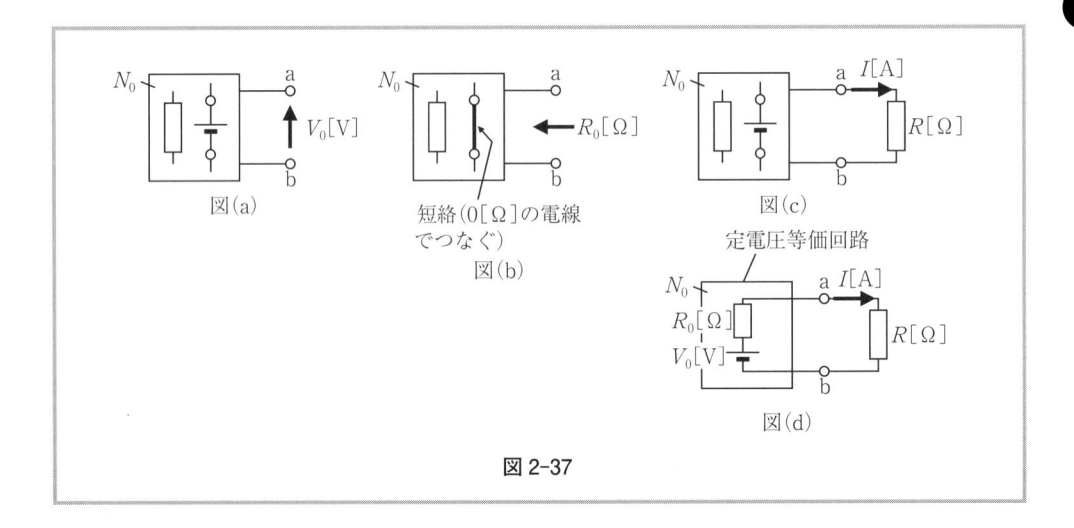

図 2-37

2.6(2) 回路シミュレータによる実験

- 図2-38の回路N_0は任意に構成した回路である。このN_0のab端子（これも任意に選んだ端子である）につながれた抵抗Rに流れる電流Iを求めることを考える。
- そのために、電気回路シミュレータにより、以下の実験を行う（シミュレータを使うことが難しい場合のために、筆者らがシミュレータで得たデータを表2-1に参考資料として記載しておく。このデータをグラフに記入して、考察を行ってほしい）。

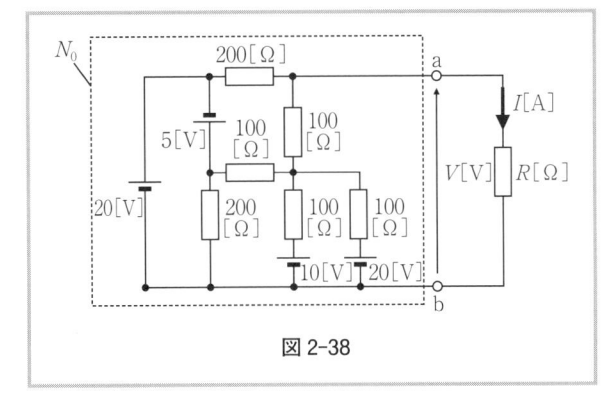

図2-38

<実験>

- 電気回路シミュレータ上に図2-38の回路N_0を組む。
- 実験データを得るためにab端子につなぐ抵抗Rとして、抵抗300[Ω], 680[Ω]および∞[Ω]（すなわち、ab端子間開放）を選ぶ。それらを順次、ab端子間に接続し、その両端電圧であるab間電圧V[V]を測定して、表2-1に記入する。
- この電圧を抵抗Rで除して、抵抗に流れる電流I[A]を計算し、同じ表に記入する。
- 表2-1の結果を、①図2-39にプロットし、電圧-電流特性のグラフを得る（解答には、表2-1の参考資料のデータをプロットした）。

表2-1 シミュレータによる測定値

シミュレータ実験			参考資料	
抵抗R[Ω]	電圧V[V] (シミュレータ値)	電流$I=\dfrac{V}{R}$[A]	電圧V[V]	電流I[A]
300			15	0.050
680			17	0.025
∞			19	0.000

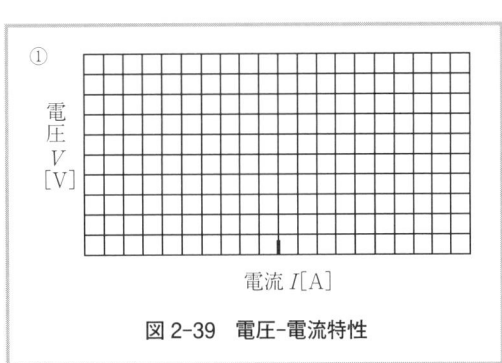

図2-39 電圧-電流特性

- 得られた図3-39のグラフは、電池の電圧-電流特性から導いた②「_____等価回路」の特性を示すグラフ（1.6(2)項の図1-19）に対応していることに注目してほしい。
- このことは、任意の回路N_0は、任意の一組の端子（ab端子）から見たとき、図2-40に示すような、③_____電圧（起電力）V_0[V]と④_____抵抗R_0[Ω]*で構成される

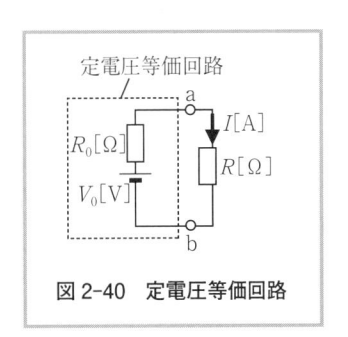

図2-40 定電圧等価回路

第2章 直流回路の解法 85

定電圧等価回路で表せることを示している。以上が、シミュレータによる確認である。

> *ちなみに、図2-39の特性をもつ回路の開放電圧V_0[V]は、図2-39の電流$I=0$での電圧値から、$V_0=19$[V]、内部抵抗R_0[Ω]は、図2-39の直線の傾きから、
> $$R_0 = \frac{\Delta V}{\Delta I} = \frac{19-15}{0.05-0} = 80\,[\Omega]$$
> となる。

2.6(3) テブナンの定理の証明

- 図2-41(a)の回路N_0につながれた抵抗Rに流れる電流I[A]を求め、それが、(2-43)式になることを導くことで、テブナンの定理を証明する。
- まず、図(a)を図(b)に変形する。図(b)は図(a)のac端子間に、右向きが正である電圧源V_0と、それと大きさが同じで、左向きが正である電圧源V_0を挿入した回路である。このような変形を行っても、挿入した電圧源同士が打ち消しあうので、電流Iは変化しない。
- 重ねの理を適用するために、図(b)を、右向きのV_0のみを残し、他の電圧源〈図(b)においては、左向きのV_0および回路N_0中のV_1, V_2〉を全て短絡した図(c)と、右向きのV_0のみを短絡し、他の全ての電圧源を残した図(d)に分ける。そして、図(c)、図(d)にそれぞれ電流I', I''を仮定する。
- 図(c)において、ab端子から左側を見た抵抗をR_0とする（図(f)）。このR_0は、回路N_0中の電圧源を全て短絡したときの抵抗であって、回路の内部抵抗と呼ばれる値である。
- このR_0を用いることで、図(c)は図(g)のように表すことができる。したがって、電流I'は、V_0, R_0およびRで表すと、

$$⑤\ I' = \boxed{}\,[\text{A}] \tag{2-44}$$

となる。

> - ここで、図(d)において、回路に挿入された**左向きの電圧V_0**が、ちょうど、**回路N_0内の電圧V_1, V_2の影響を打ち消して、図(d)の電流I''を**
> $$I'' = 0 \tag{2-45}$$
> **にする値**であったとする。

- このとき、この電圧V_0は何を表しているかを考える。いま、図(d)のように、b点基準のa点の電圧をV_{ab}、b点基準のc点の電圧をV_{cb}とする。
- 上述したように、a端子から流出する電流I''は0であるから、回路N_0のab端子は⑥開放、短絡されている〈図(e)〉ことになる。したがって、電圧V_{ab}はab端子間の⑦「　　　　電圧」を表していることになる。
- このV_{ab}を、図(d)のV_{cb}とV_0で表すと、

$$⑧\ V_{ab} = \underline{} + \underline{} \tag{2-46}$$

となる。

・ここで、$V_{cb}=R \times I''$ であって、$I''=0$ であることから、$V_{cb}=0$ である。これを、(2-46)式に代入することで、V_{ab} と V_0 の関係は、

$$\text{⑨ } V_{ab}= \underline{\qquad} \tag{2-47}$$

となる。以上により、導入した V_0 は、回路 N_0 の ab 端子間の⑩「_____電圧」であることがわかる。

・求めたい電流 I は、重ねの理より(2-44)式の I' と(2-45) I'' の和であるから、

$$I=I'+I''=\frac{V_0}{R_0+R}+0$$

$$\therefore I=\frac{V_0}{R_0+R} \text{ [A]} \qquad \text{(P.84 (2-43 に同じ)}$$

となる。以上により、テブナンの定理が示す関係式である(2-43)式が導かれた（証明終わり）。

・このように、任意の回路 N_0 は、外から見れば、内部抵抗 R_0、開放電圧 V_0 の定電圧等価回路で表せる。そこで、この定電圧等価回路を、この定理の提案者の名前をとって、⑪_____の等価回路という。

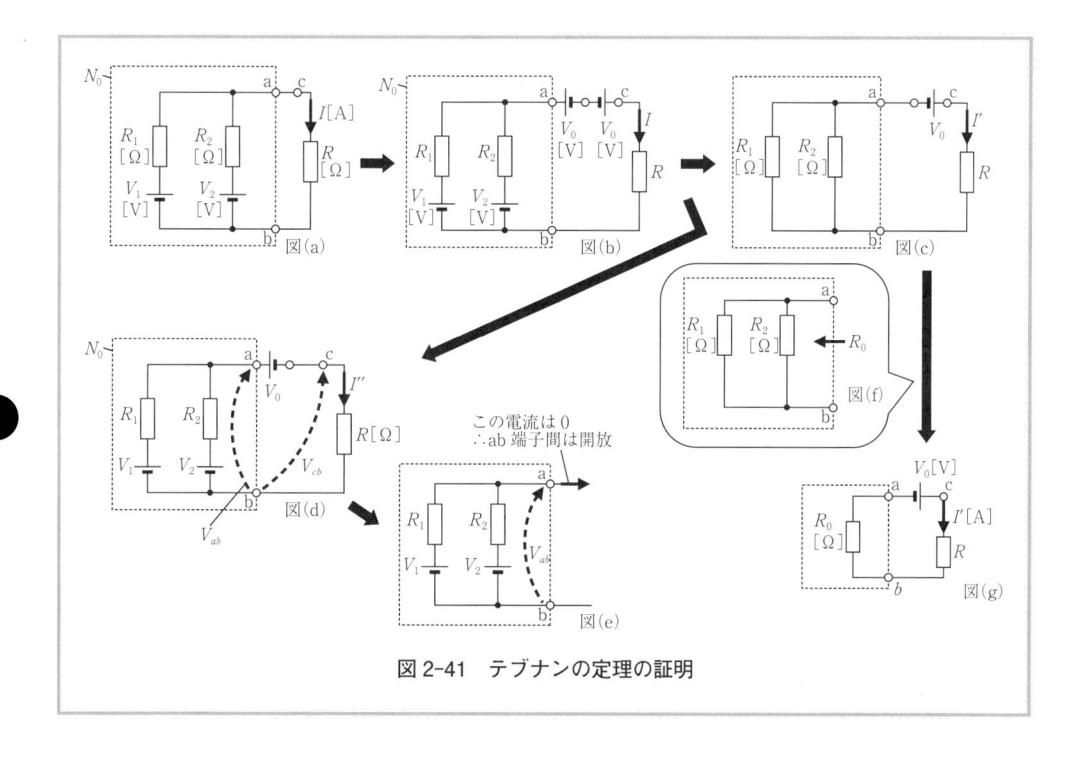

図 2-41　テブナンの定理の証明

<2.6 例題>

- 例題により、テブナンの定理の使い方を説明する。

[1] 図2-42(a)のブリッジ回路の抵抗$R=1.4[\Omega]$に流れる電流Iを、テブナンの定理を用いて求めよ。また、この抵抗Rを$6.4[\Omega]$に代えた場合の電流Iを求めよ。

（解答）

- 図2-42(a)の回路から、$R=1.4[\Omega]$を取り除いた回路をN_0とする（同図(b)）（回路をN_0とおくことは任意。説明のしやすさで判断すればよい）。図(b)のab端子間の開放電圧を$V_0[V]$、内部抵抗$R_0[\Omega]$とする。

- V_0を求める。図(b)において、$6[\Omega], 2[\Omega]$の抵抗に加わる電圧を$V_1[V], V_2[V]$とする。$V_1[V], V_2[V]$は、電源電圧$10[V]$が分圧された電圧ゆえ、

⑫ $V_1 = \dfrac{}{} \times \underline{} = 6\,[V]$

⑬ $V_2 = \dfrac{}{} \times \underline{} = 4\,[V]$

開放電圧V_0をV_1, V_2で表して、

⑭ $V_0 = \underline{}$
$= \underline{} = 2\,[V]$

- R_0を求める。図(b)において、電圧源を短絡すると、ab端子間の回路は図(c)になる。ab端子間の抵抗、すなわち内部抵抗R_0は、

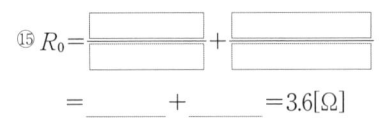

⑮ $R_0 = \dfrac{}{} + \dfrac{}{}$
$= \underline{} + \underline{} = 3.6\,[\Omega]$

- したがって、図(a)の回路N_0は、同図(d)の定電圧等価回路（テブナンの等価回路）に変換される。図(d)において、$R=1.4[\Omega]$に流れる電流IをV_0, R_0, Rで表すと（すなわち、テブナンの定理より）、

⑯ $I = \dfrac{\boxed{}}{\boxed{} + \boxed{}} = \dfrac{}{ + } = \dfrac{}{} = \underline{0.4}\,[A]$

また、$R=6.4[\Omega]$の場合は、

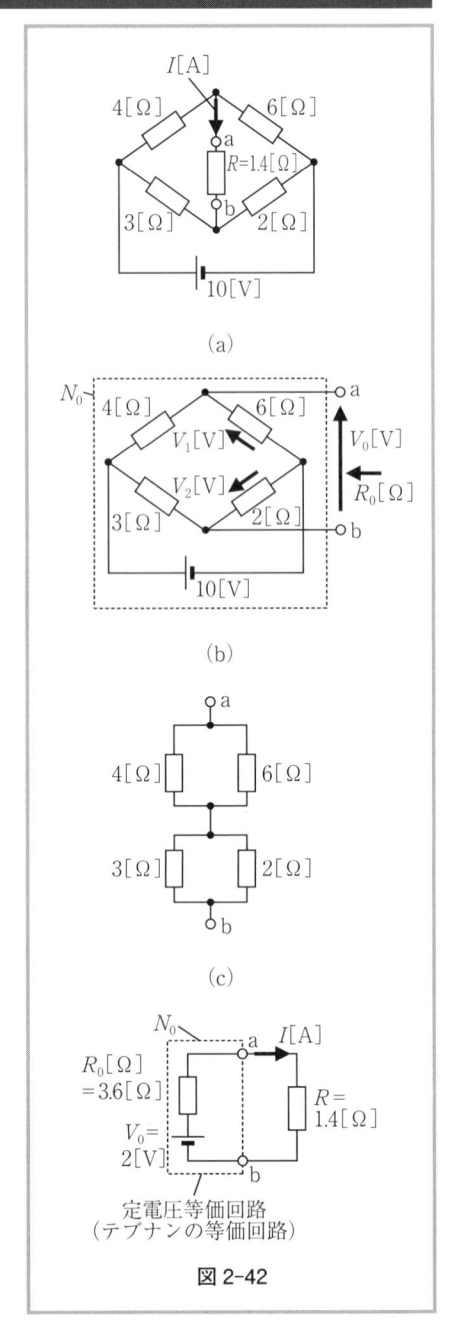

図2-42

⑰ $I = \dfrac{\boxed{}}{\boxed{} + \boxed{}} = \dfrac{\boxed{}}{\boxed{}} = \underline{0.2}$ [A]

・この問題を、ループ電流法で解くと、3個の回路方程式を連立させて解く必要があり、計算量が増える。また、Rの値を変える場合は、その都度、回路方程式を立て直す、あるいは、Rを未知数として方程式を立てる必要がある。いずれもテブナンの定理に比べ、計算量が増える。

[2] 図2-43(a)の回路の抵抗4[Ω]に流れる電流Iを、テブナンの定理を用いて求める。

（解答）

・図2-43(a)の回路から、4[Ω]（これをRとする）を取り除く。その回路を同図(b)に示す。

・図(b)において、ab端子間の開放電圧をV_0[V]とする。また、cd端子間の電圧をV'[V]、ループ電流をI_aを図のようにとる。

・ループI_aについて、キルヒホッフの第2法則より、

⑱ $6+1 = (\boxed{}) \times I_a$

⑲ $\therefore I_a = \dfrac{7}{\boxed{}}$ [A]

・経路 dgc に沿って、電圧V'を電圧1[V]、電流I_a、抵抗2[Ω]で表すと、

⑳ $V' = \underline{} = \boxed{} = \dfrac{11}{3}$ [V]

・開放電圧V_0は、経路 bdgca に沿った b 点基準の a 点の電圧として求める。このとき、ca 間の抵抗$\dfrac{4}{3}$[Ω]には電圧が㉑ 生じる、生じない（∵ a 端子が㉒ 短絡、開放ゆえ、この$\dfrac{4}{3}$[Ω]の抵抗には電流が㉓ 流れる、流れない）ことに注意しなくてはならない。したがって、

㉔ $V_0 = \underline{} + \underline{} = \boxed{} + \boxed{} = 4$ [V]

・図(b)において、電圧源を短絡したときのab端子間の抵抗、すなわち内部抵抗をR_0[Ω]とすると、直並列回路ゆえ、

㉕ $R_0 = \dfrac{\boxed{}}{\boxed{}} + \boxed{} = 2$ [Ω]

・テブナンの定理より、

㉖ $I = \dfrac{V_0}{R_0 + R} = \dfrac{\boxed{}}{\boxed{}} = \dfrac{2}{3}$ [A]　が得られる。

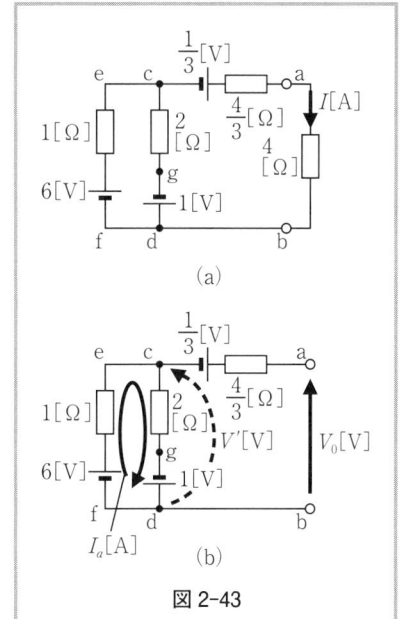

<2.6 練習問題>

[1] 問図2-47(a)の抵抗$R=60[\Omega]$に流れる電流Iを、テブナンの定理にしたがった以下の手順により求めよ。

(1) 同図(a)から抵抗Rを取り除いた回路を同図(b)に書き、その図にもとづいて、開放電圧（起電力）$V_0[V]$および合成抵抗$R_0[\Omega]$を計算せよ。

(2) (1)の結果にもとづき、同図(c)にテブナンの等価回路（定電圧等価回路）を書き、テブナンの定理により$I[A]$を求めよ〈図(c)には、先に取り除いた抵抗Rも記入すること〉。

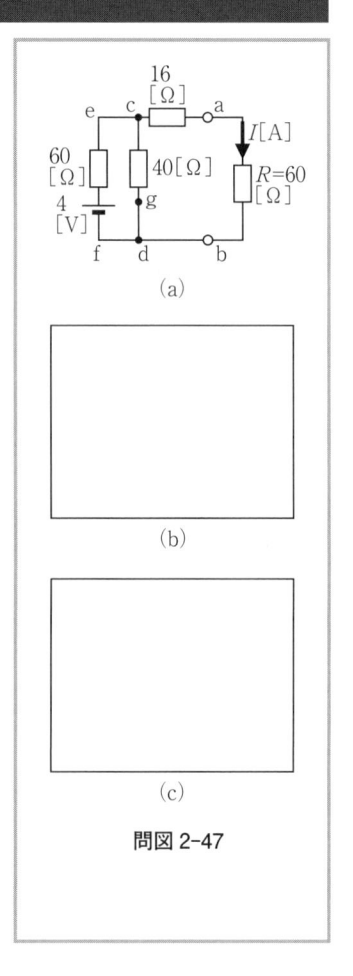

問図 2-47

[2] 問図2-48の抵抗$R=0.8[\Omega]$に流れる電流Iをテブナンの定理により求めよ。

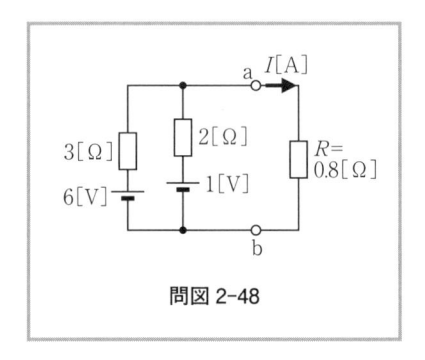

問図 2-48

[3] 問図 2-49 の回路 N_0 について、テブナンの定理を適用する。(1) ab 端子間の開放電圧 V_0[V]、内部抵抗 R_0[Ω] を計算せよ。(2) ab 端子間に、抵抗 $R=50$[Ω] をつないだとき、この抵抗に流れる電流 I[A] を求めよ。

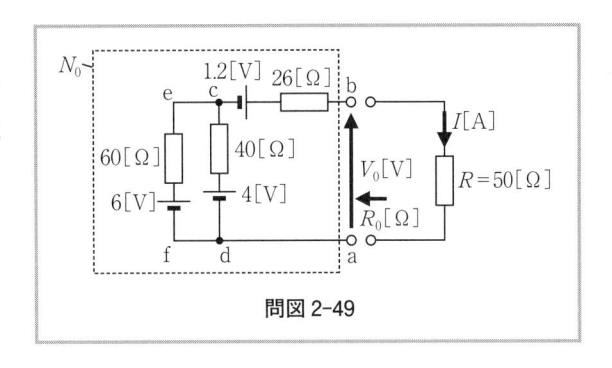

問図 2-49

[4] 問図 2-50 に、< 2.3 練習問題 > [1]（各自で作る問題）で設定した電圧源と抵抗の値をそれぞれ記入せよ。そして、電流 I_3[A] をテブナンの定理により求めよ。

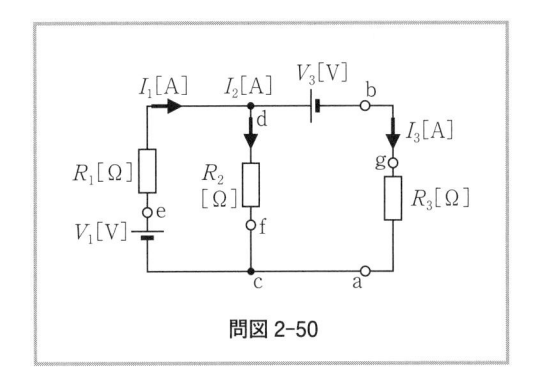

問図 2-50

[5] 問図 2-51 の電流 I_3[A] を、テブナンの定理を用いて求めよ。(この問題は、ループ電流法で取り上げた＜2.5 練習問題＞[4] と同様の問題であり、テブナンの定理の方が、計算が簡単であることを確認してほしい)。

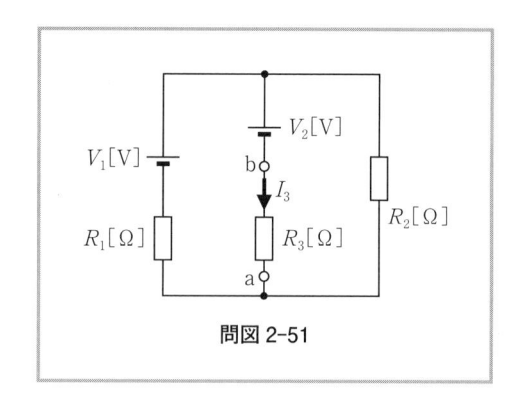

問図 2-51

[6] 図 2-52 の電流 I[A] を、テブナンの定理を用いて求めよ。

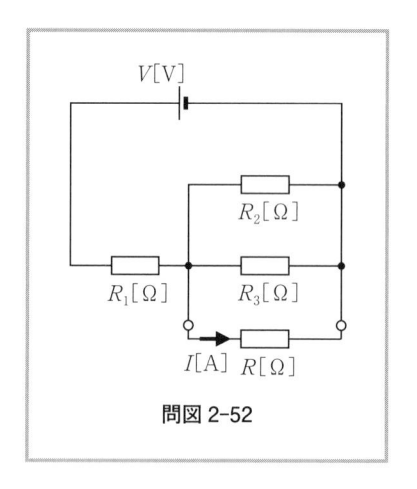

問図 2-52

[7] 問図 2-53 のブリッジ回路について、
(1) 電流 I_5[A]をテブナンの定理により求めよ。(2) (1)の結果を利用して、**ブリッジの平衡条件**（I_5が**ゼロとなる条件**）を求めよ（ブリッジの平衡条件は、2.1(8)ブリッジ回路で取り上げているが、この節では、電流I_5の式から平衡条件を決定している点が異なる）。

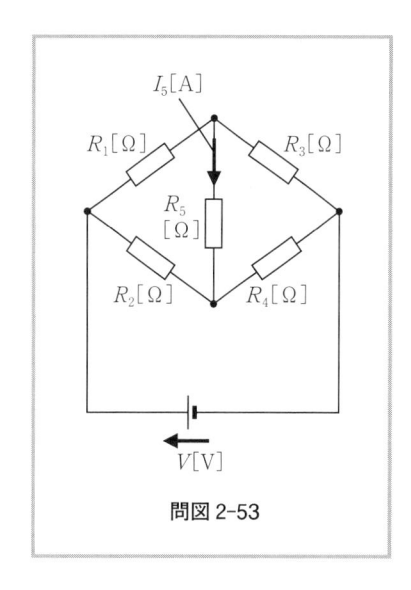

問図 2-53

[8] 問図 2-54 において、

(1) 電流 I_x をテブナンの定理により求めよ。

(2) 電流 I_2 をテブナンの定理により求めよ。

(注意：(1),(2)について、それぞれテブナンの等価回路を求めること)

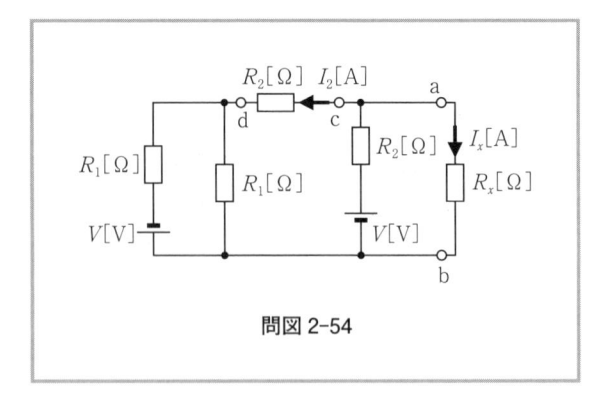

問図 2-54

2.7 定電圧等価回路と定電流等価回路の相互変換（ノートンの関係）

学習内容 電流源と定電流等価回路の意味、相互変換を用いた回路解析方法
目標 定電圧等価回路と定電流等価回路の相互変換を利用した回路計算

・テブナンの定理においては、定電圧等価回路という考え方を利用した。電気回路の理論には、定電圧等価回路と対になる定電流等価回路という考え方が存在する。それを利用すると、回路の簡単化が可能になる。以下では、実際の電流源（定電流回路という）の特性を示し、それに基づいて、その等価回路（定電流等価回路）を考える。ついで、それの回路計算への利用について述べる。

2.7(1) 実際の電流源と定電流等価回路

・実際の電圧源の代表例に乾電池がある。しかし、実際の電流源は身近にはない。そこで、定電流回路を製作し、その電圧-電流特性を調べる。

・図2-44は製作した定電流回路の回路図である。電界効果型トランジスタという素子を使っているが、これが負荷に一定の電流を供給できるようにする役割を担っている。

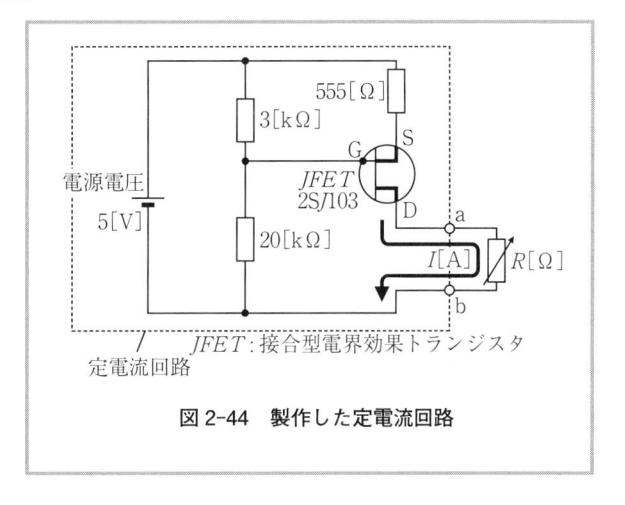

図 2-44 製作した定電流回路

<実験>

・定電流回路の出力端子 ab 間に、表2-2に示される負荷抵抗 $R[\Omega]$ を接続し、それに流れる電流 $I[A]$ を測定する。
・$R=0.020[\Omega]$ における電流値を基準として、他の抵抗値における電流値の比率を計算する

表 2-2 定電流回路の抵抗―電流特性

負荷抵抗 $R[k\Omega]$	実験値 電流 $I[mA]$ 測定値	実験値 比率	参考資料 電流 $I[mA]$ 測定値	参考資料 比率	定電流等価回路の I/I_0 の計算結果 （at $R_0 = 40[k\Omega]$）
0.020		1.00	1.598	1.000	0.9995
0.320			1.597	1.000	0.992
1.00			1.591	0.996	0.976
2.10			1.462	0.918	0.950
3.75			1.050	0.656	0.914
10.0			0.455	0.285	0.800

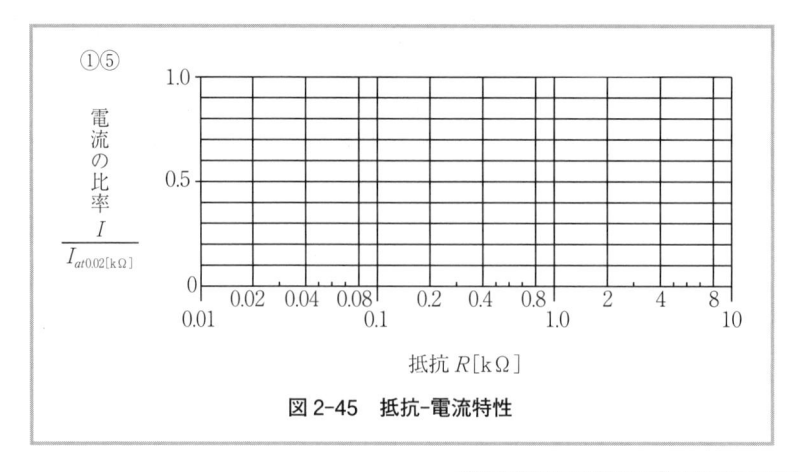

①⑤

図2-45 抵抗-電流特性（縦軸：電流の比率 $\dfrac{I}{I_{at\,0.02[k\Omega]}}$、横軸：抵抗 $R[k\Omega]$、0.01～10）

（実験ができない場合のために、筆者らが測定したデータを参考資料として表に示すので、利用してほしい）。

・抵抗-電流（の比率）特性を①図2-45にプロットし、グラフを得る（解答には、表2-2の参考資料のデータをプロットした）。

・図2-45から、製作した定電流回路は、低い抵抗値から、概ね② $R=$ ____[kΩ]までは、わずかずつ供給電流が減少する回路であることがわかる。

・そこで、実際の電流源を、図2-46に示すように、負荷抵抗Rの増加に伴い、わずかずつ供給電流Iが減少する回路と考える。

・このような特性を示す回路は、**理想的な電流源**（記号 ↑⊖、負荷抵抗がいくら増加しても、一定電流 I_0 が供給できる電流源、**以下、単に、電流源と表す**）から供給された電流 I_0 のうち、負荷抵抗Rに分流される電流Iが、Rが大きくなるにつれて徐々に減少する回路と考えることができよう。

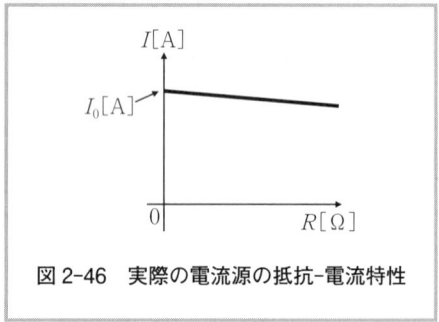

図2-46 実際の電流源の抵抗-電流特性

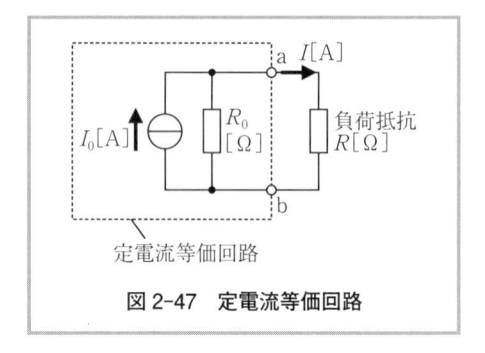

図2-47 定電流等価回路

・図2-47は、それを回路図として表したもので、電流源 I_0 とそれに並列に接続された内部抵抗 $R_0[\Omega]$ で構成されている。

・この回路は、実際の**電流源**と**等価**である（同じ働きをする）と考え、これを③_____、または、電流源は**一定の電流**を供給するためのものであり、その**等価回路**であるという意味から、④_____という。

ちなみに、図2-47において、電流Iは分流則により、

96　第2章　直流回路の解法

$$I = \frac{R_0}{R_0 + R} I_0$$

と表される。この式において、$R_0 = 40[\mathrm{k}\Omega]$と仮定したときの$\frac{I}{I_0}$の計算結果を表2-2に示した。この$\frac{I}{I_0}$を⑤図2-45にプロットすると、定義した定電流等価回路が、製作した電流源の抵抗-電流特性をある程度、表していることがわかる。

2.7(2) 定電流等価回路と定電圧等価回路の相互変換（ノートンの関係）

・図2-47に示した定電流等価回路を、以下のような考え方により、1.6節で定義した「定電圧等価回路」と結びつけることを考える。

・それは、図2-48において、

「定電流等価回路に接続された抵抗$R[\Omega]$に流れる電流$I[\mathrm{A}]$」と、

「定電圧等価回路に接続された抵抗$R[\Omega]$に流れる電流$I[\mathrm{A}]$」が等しくなる

ように、定電圧等価回路の開放電圧$V_0[\mathrm{V}]$と内部抵抗$R_X[\Omega]$を決めることはできないかというものである。

・そうすれば、この定電流等価回路と定電圧等価回路は、外部回路（この場合、抵抗R）に対し**同じ働きをする（等価である）**から、**相互に変換**することが可能になる。では、$V_0[\mathrm{V}]$と$R_X[\Omega]$をどのように決めればよいだろうか。

図2-48 定電流等価回路と定電圧等価回路を結びつけるための図

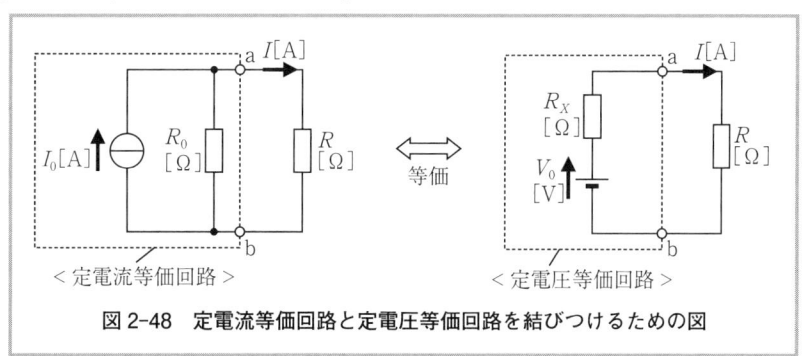

・図2-48の定電流等価回路において、抵抗に流れる電流$I[\mathrm{A}]$を与える式は、分流則より

$$⑥\ I = \rule{2cm}{0.4pt} I_0 \tag{2-48}$$

同図の定電圧等価回路において、抵抗に流れる電流$I[\mathrm{A}]$を与える式は、オーム則により

$$⑦\ I = \rule{2cm}{0.4pt} V_0 \tag{2-49}$$

・したがって、(2-48)式＝(2-49)式である条件は、

$$⑧\ R_X = \rule{2cm}{0.4pt} [\Omega] \tag{2-50}$$

$$\text{⑨ } V_0 = \underline{\qquad} \text{ [V]} \quad \text{または、⑩ } I_0 = \underline{\qquad} \text{ [A]} \tag{2-51}$$

となる。以上の結果より、(2-50)式および(2-51)式の関係を満たせば、定電流等価回路と定電圧等価回路は相互変換が可能となる。

・この相互変換を⑪_____の関係ともいう。また、図 2-48 の定電流等価回路を⑫_____の等価回路ともいう。相互変換をまとめると図 2-49 になる。

定電流等価回路と定電圧等価回路の相互変換（＝ノートンの関係）

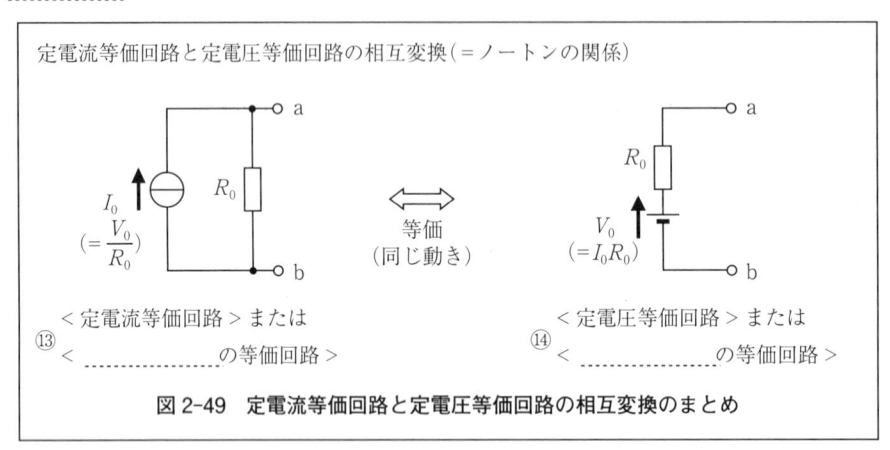

$I_0 \left(= \dfrac{V_0}{R_0}\right)$, R_0 ⇔ R_0, $V_0 (= I_0 R_0)$

等価（同じ動き）

＜定電流等価回路＞または
⑬＜_____の等価回路＞

＜定電圧等価回路＞または
⑭＜_____の等価回路＞

図 2-49　定電流等価回路と定電圧等価回路の相互変換のまとめ

2.7(3) ノートンの関係（相互変換）による回路のまとめ方

・ノートンの関係を使って回路をまとめると、回路構成が簡単になり、電流計算が簡単になる。まとめ方の具体的な方法を考える。

●回路のまとめ方

・図 2-50(a)の回路にノートンの関係を適用する。図(a)に2つの定電圧等価回路があるので、それぞれを定電流等価回路に変換すると同図(b) になる。図の中の⑮〜⑱□□に電流の値あるいは抵抗の値を記入せよ。

・同図(b)で、a〜c 間、b〜d 間は直接つながっている。それゆえに、それぞれの間には抵抗がないので、電位差（電圧）が⑲ ない、ある。ゆえに、2つの電流源と4[Ω],6[Ω]の2つの抵抗を図(c)のように接続箇所を移動させて⑳ よい、いけない。

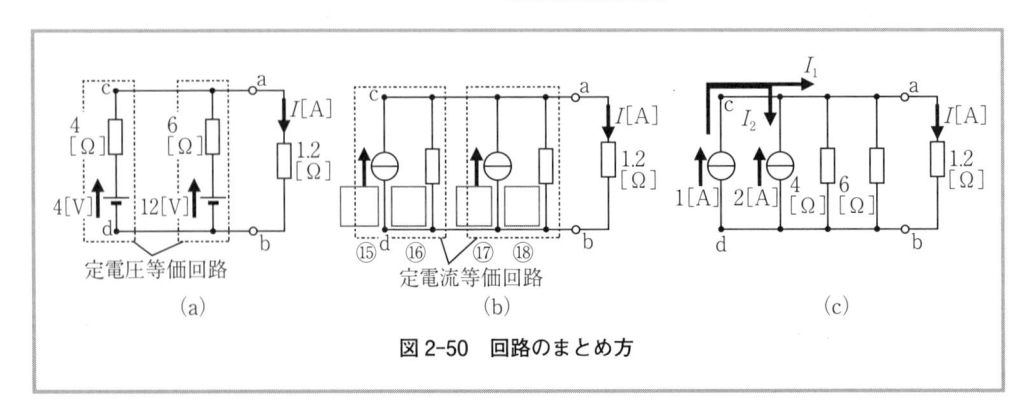

図 2-50　回路のまとめ方

- さて、図(c)において、1[A]の理想的な電流源から出た電流は、図のようにa端子に向かう電流I_1と2[A]の電流源に向かう電流I_2に分流すると考えられる。分流を考えるには、**電流源の内部抵抗**が分かる必要がある。それはいくつと考えるのがよいだろうか。

> ●**電源の内部抵抗について**
>
> ・図 2-51 において、電流 I は、分流則より
>
> $$㉑ I = \boxed{} \times I_0$$
>
> $$= \frac{1}{1+\dfrac{R}{R_0}} \times I_0 \quad (2\text{-}52)$$
>
> ・電流源は、理想的であるから、常に
>
> $$I = I_0$$
>
> でなければならない。これを満たすには(2-52)式において、R_0は㉒ <u>∞、0</u> でなければならない。
>
> ・図 2-52(a) の定電流等価回路の R_0 が ∞ であるということは、それを変換した定電圧等価回路＜同図(b)＞の開放電圧（起電力）V_0 は㉓ $I_0 \times \boxed{}$ でなければならない（同図(b)の㉓ $\boxed{}$ も埋めよ）。
>
> 図 2-51 定電流等価回路
>
> 図 2-52 理想的な電流源の内部抵抗

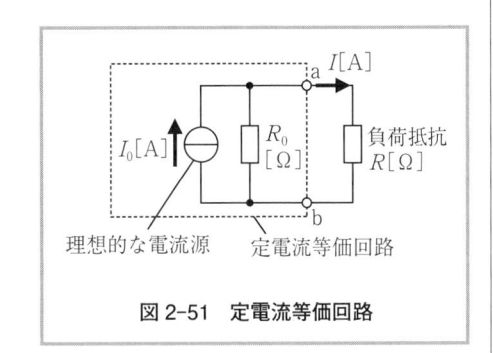

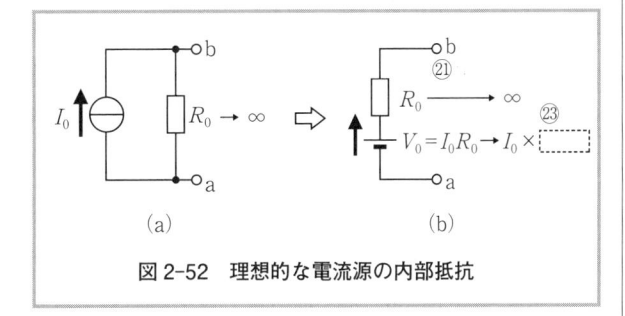

- したがって、電流源とは、電圧が極めて高い（$I_0 \times \infty$）電圧源から、極めて大きな抵抗（∞）を通して電流を供給する回路と考えることができる。これより、**電流源の内部抵抗は、㉔ <u>∞、0</u>** であることが分かる。

●回路のまとめ方（つづき）

- したがって、**電流源**は、外部に電流は供給するが、その内部抵抗が㉕ <u>∞、0</u> であるため、**外部から電流が流入することは**㉖ <u>ある、ない</u>。

- よって、図 2-50(c) を再掲した図 2-53(d) において、**直接つながっている 2 つの電流源は 1 つにまとめて**㉗ <u>よい、いけない</u>。したがって、この回路は図 2-53(e) のようにまとめられる（同図の電流源の㉘ $\boxed{}$ を埋めよ。さらに抵抗についての㉙ $\boxed{}$ も埋めよ）。

- 以上の変換で得られた図 2-53(e) に分流則を適用し、電流 I を求めることができる。さらに、定電流等価回路を定電圧等価回路に変換することで、図 2-53(f) を得て（同図の㉚ ㉛ $\boxed{}$ を埋めよ）、オームの法則により電流 I を求めることもできる。図(f)を用いる場合は、

$$㉜ I = \boxed{} = \underline{2\,[\text{A}]} \quad \text{となる。}$$

(d) (e) (f)

図 2-53 回路のまとめ方（つづき）

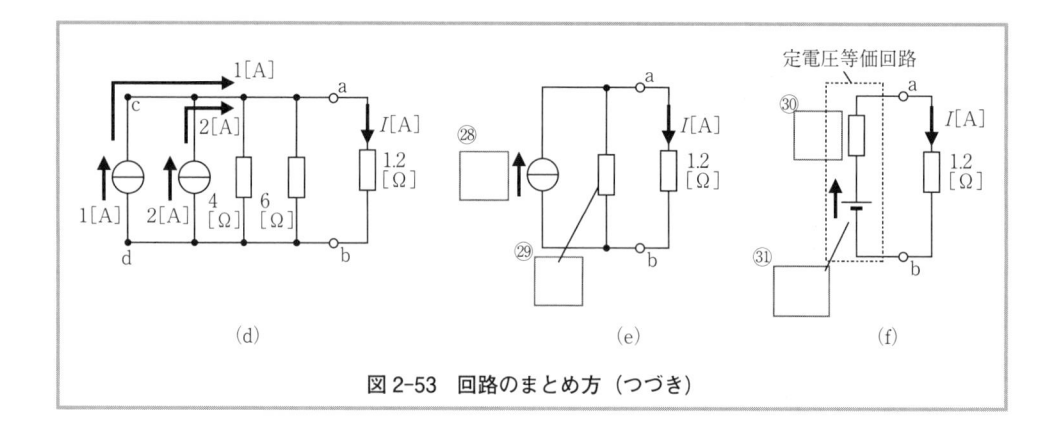

2.7(4) ノートンの関係（相互変換）を用いる場合の注意事項

●電流源と直列に接続された抵抗の扱い

・図 2-54(a)の抵抗Rは、電流源 ↑Ⓢ と直列に接続されている。

・電流源は理想的であり、その内部抵抗は㉝ ∞、0 である。したがって、それにどのような値の抵抗が直列に接続されても、その抵抗は無視㉞ できる、できないから、↑Ⓢ だけを残せばよい（同図(b)）。

●2つの電流源の間に、抵抗が存在する場合の扱い

・図 2-55 においては、2つの電流源の間に抵抗Rがある。このとき、抵抗Rには一般に電流が流れるので、a点とb点に電位差（電圧）が㉟ 生じる、生じない。したがって、この2つの電流源を直接なぎ、1つに㊱ まとめてよい、まとめてはいけない。

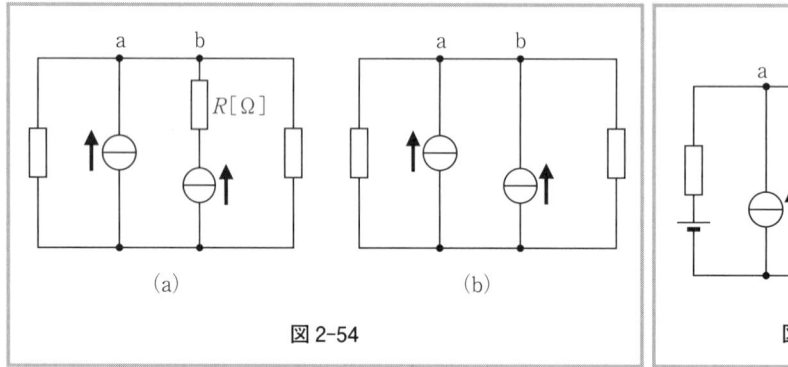

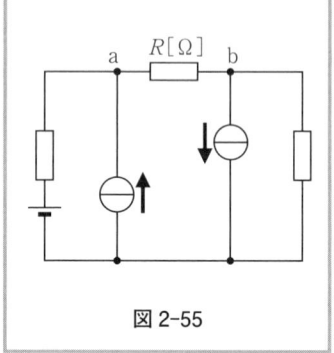

図 2-54　　図 2-55

<2.7(1)～(4) 例題>

[1] 図 2-56 の電流 I[A]を定電圧等価回路と定電流等価回路の相互変換（＝ノートンの関係）を利用して求めよ

（解答）

・図 2-56 において、0.6[A]の電流源と直列に接続された抵抗3[Ω]は無視㊲ できる、できない。

・ab 端子間に10[Ω]の抵抗が存在するため、1.0[A]と0.6[A]の電流源をひとつにまとめることは

㊳ できる、できない。

・(これ以降、変換方法は種々考えられるので、一例と考えてほしい) ここでは、左端の定電圧等価回路 (10[Ω]と8[V]) を定電流等価回路に変換し、右端の定電流等価回路 (5[Ω]と0.6[A]) を定電圧等価回路に変換し、図2-57(a)の回路を得る。(同図の㊴㊵ □ を埋めよ)

・0.8[A]と1[A]の電流源を一つにまとめ、同図(b)を得る (同図の㊶ □ を埋めよ)

・同図(b)において、定電流等価回路 (10[Ω]と1.8[A]) を定電圧等価回路に変換し、同図(c)を得る (同図の㊷ □ を埋めよ)。

この図に、キルヒホッフの第2法則を適用して、

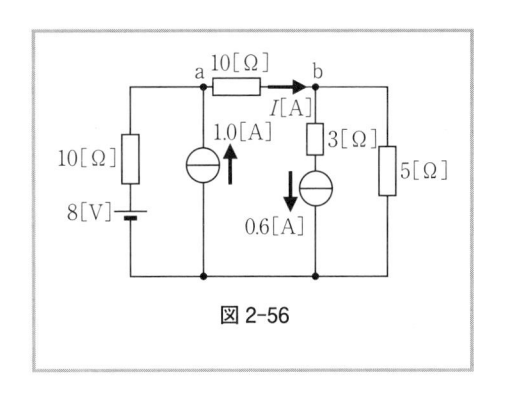

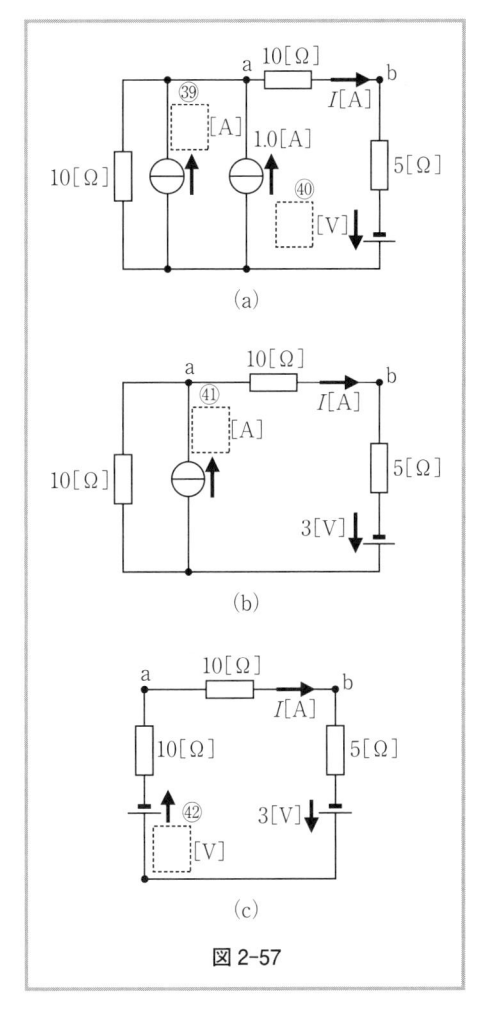

㊸ $18+3=(\underline{\qquad})\times I$

$\therefore I=\dfrac{21}{25}[A]$

図 2-56

図 2-57

<2.7(1)〜(4) 練習問題>

[1] 問図 2-55 の回路において電流 I[A]を、定電圧等価回路と定電流等価回路の相互変換(=ノートンの関係)を利用して求めよ。

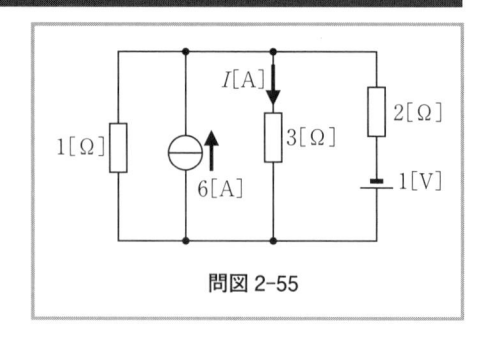

問図 2-55

[2] 問図 2-56 の電流 I [A]を、ノートンの関係を利用して求めよ。

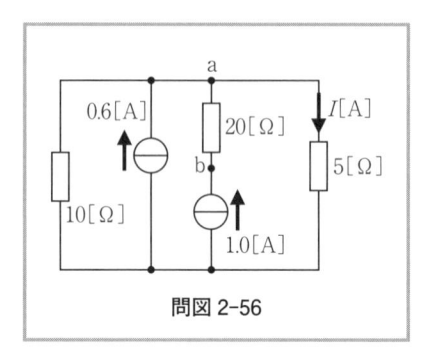

問図 2-56

[3] 問図 2-57 の電流 I[A] をノートンの関係を用いて求めよ。ただし、$R_2=6[\Omega]$ と $V_2=12[V]$ からなる**定電圧等価回路は相互変換しないで**（そのまま残して）解くこと（定電圧等価回路に流れる電流を求める場合、その回路にはノートンの関係を利用しない方が計算は簡単になる。これについての説明は解答参照）。

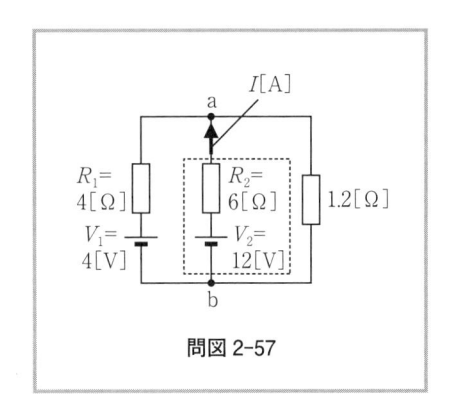

問図 2-57

[4] 問図 2-58 に、＜2.3 練習問題＞[1]（各自が作る問題）で設定した電圧源と抵抗の値を記入せよ。そして、電流 $I_3[A]$ をノートンの関係を利用して求めよ。

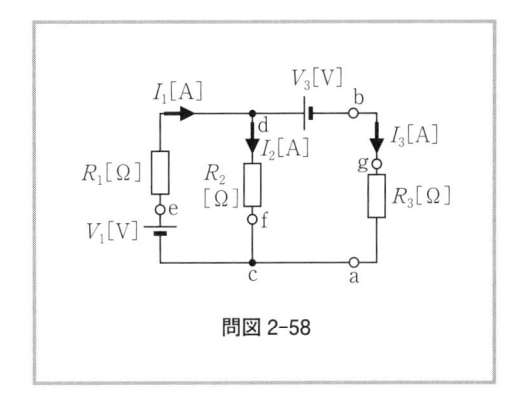

問図 2-58

[5] 問図 2-59 の電流 I_X[A] を、ノートンの関係を利用して求めよ。

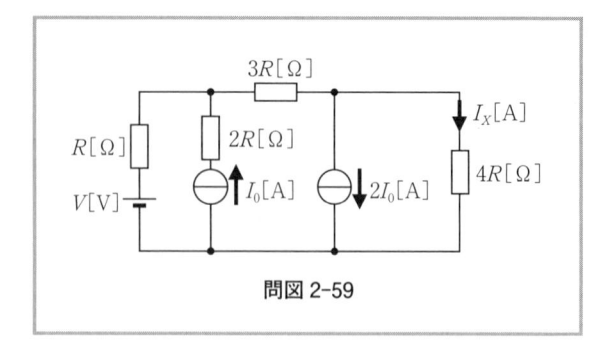

問図 2-59

[6] ＜発展問題＞

以下のように電流源が直列接続されている。それぞれの回路において、電流 I[A]はいくつになるであろうか。

(1) 問図 2-60 のように**定電流等価回路と理想的な電流源が直列**に接続された場合

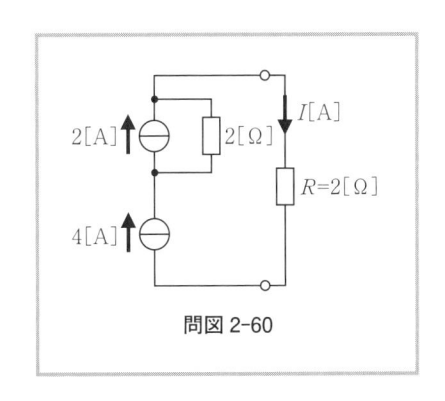

問図 2-60

(2) 問図 2-61 のように**二つの定電流等価回路が直列**に接続された場合

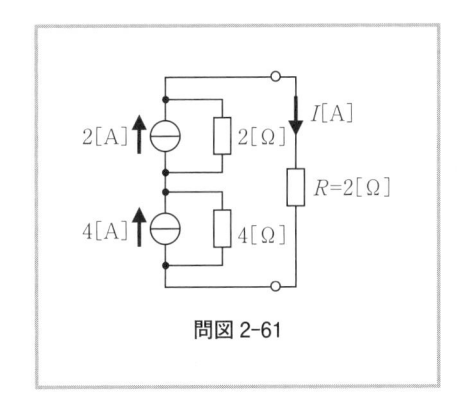

問図 2-61

(3) 問図 2-62 **二つの理想的電流源が直列**に接続された場合

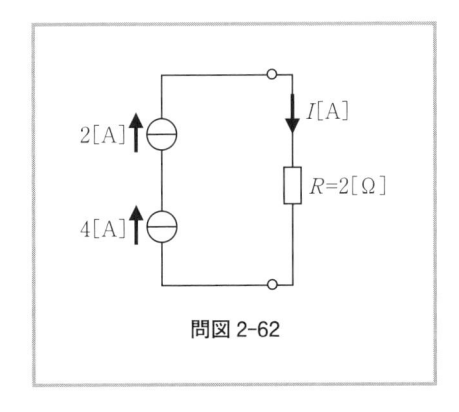

問図 2-62

2.7(5) 電流源を含む回路の重ねの理

・電流源と電圧源が混在する回路であっても、電流源と電圧源を別々に考えて回路計算し、その結果を加減算する「重ねの理」が成立する（回路素子が線形であることが前提）。

・このとき、

注目する電圧源以外の電圧源は、㊹ 短絡、開放（∵理想的電圧源の内部抵抗は㊺＿＿[Ω]）。

注目する電流源以外の電流源は、㊻ 短絡、開放（∵理想的電流源の内部抵抗は㊼＿＿[Ω]）。

として回路計算を行う。

＜2.7(5)例題＞

[1] 図 2-58 の回路の電流I[A]を重ねの理を用いて求めよ。

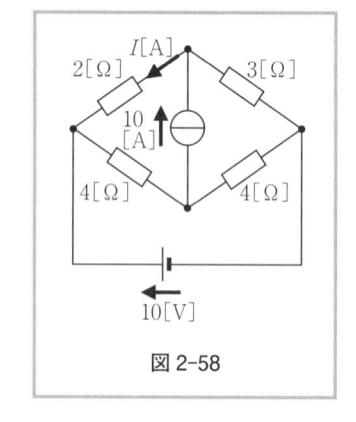

（解答）

・重ねの理を適用するために、図 2-58 を、図 2-59(a), (b)のように、電圧源と電流源を分けた2つの回路に分け、電流I', I''を仮定する。同図(a)においては、電流源は、㊽ 短絡、開放している。また、同図(b)においては、電圧源は、㊾ 短絡、開放している。

同図(a)で、オームの法則により、$I'=\dfrac{10}{2+3}=2$

同図(b)に、㊿＿＿則を適用して、

$I''=$(51)$\dfrac{\square}{\square}\times 10=6$　重ねの理より、

$I=-I'+I''=-2+6=$<u>4[A]</u>

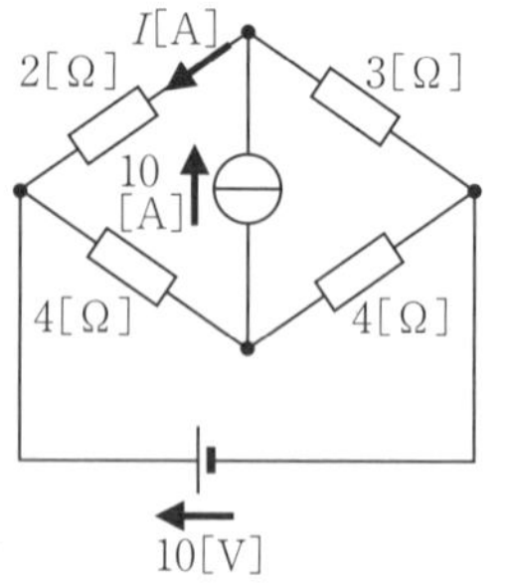

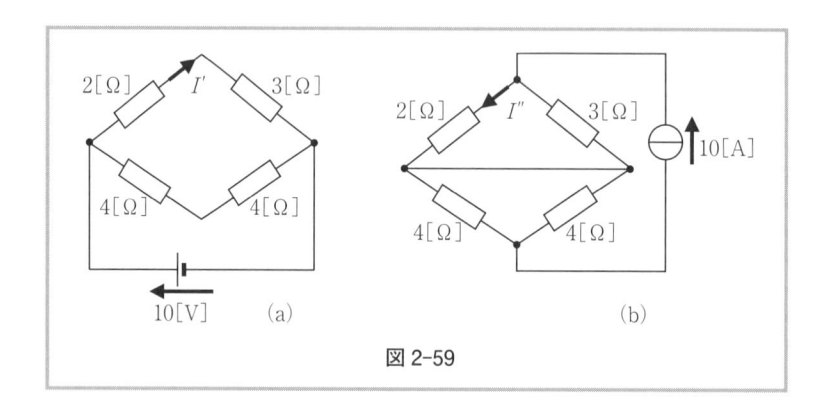

図 2-58

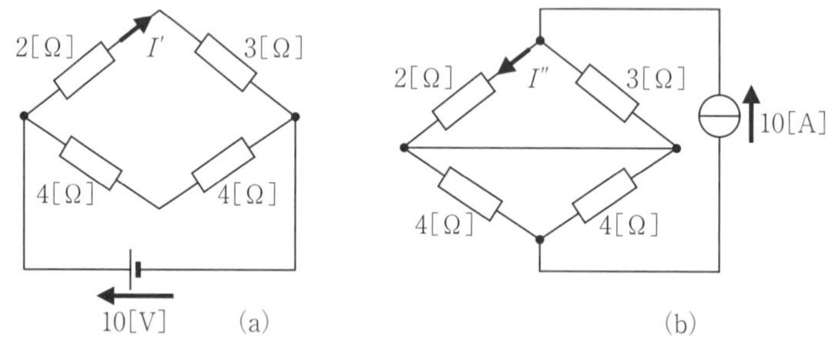

図 2-59

<2.7(5)練習問題>

[1] 問図2-63の電流I[A]を重ねの理を用いて求めよ。ただし、重ねの理を使うため、まず、電圧源と電流源を分けること。その後は手法を問わない。

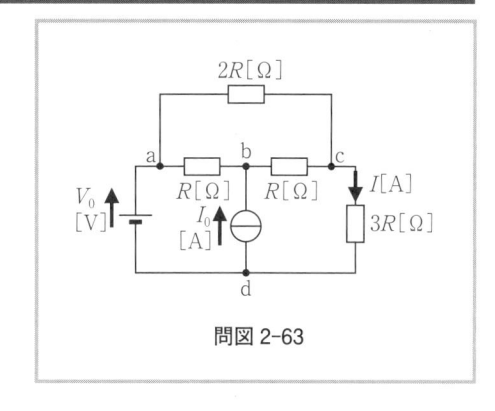

問図2-63

2.7(6) 電流源を含む回路のテブナンの定理

・電流源と電圧源が混在する回路N_0へのテブナンの定理の適用は、以下のように行う。

開放電圧（起電力）V_0[V]は、回路N_0にノートンの関係等を用いて求める。

内部抵抗R_0[Ω]は、電圧源を㊾短絡、開放、電流源を㊿短絡、開放した後、合成抵抗を計算する。

<2.7(6)例題>

[1] 図2-60のように、回路N_0に接続された抵抗$R=3$[Ω]に流れる電流I[A]を、テブナンの定理を適用して求めよ（本問は<2.7(1)〜(4)練習問題>[1]と同じ問題）。

（解答）

・回路N_0の ab 端子間の内部抵抗R_0を求めるために、回路N_0の電圧源を㊾短絡、開放、電流源を㊿短絡、開放すると、図2-61(a)になる。したがって、

$$R_0 = \frac{1 \times 2}{1+2} = \frac{2}{3}[\Omega]$$

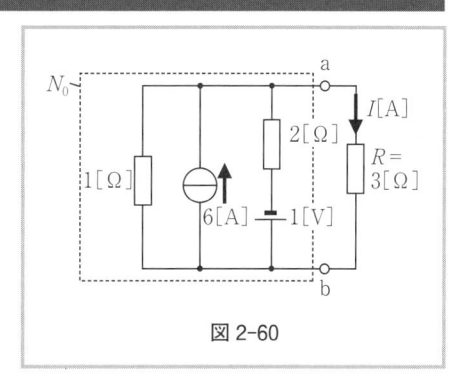

図2-60

第2章 直流回路の解法

・開放電圧（起電力）V_0を求めるために、回路N_0の定電流等価回路を定電圧等価回路に変換すると、図2-61(b)図になる。図(b)において、I_aを図のように仮定すると、

$$I_a = \frac{6+1}{1+2} = \frac{7}{3}[\text{A}]$$

V_0は、b点基準のa点の電圧であるから、それを6[V]、1[Ω]、I_aで表すと、

㊾ $V_0 = \underline{\quad} + \underline{\quad} = \underline{\quad} + \underline{\quad} = \underline{\dfrac{11}{3}}[\text{V}]$

・テブナンの定理より、求める電流IをV_0、R_0およびRで表すと、

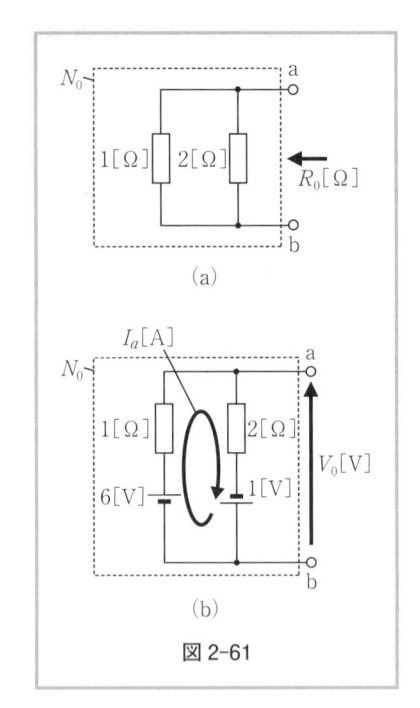

㊿ $I = \underline{\quad\quad} = \underline{\quad\quad} = \underline{1}[\text{A}]$

図 2-61

＜2.7(6)練習問題＞

[1] 問図2-64のように、回路N_0に接続された抵抗$4R[\Omega]$に流れる電流$I[\text{A}]$を、テブナンの定理を適用して求めよ。

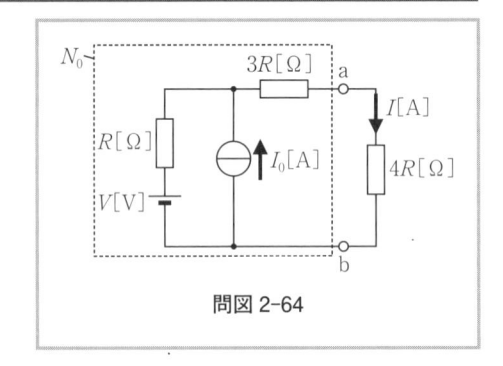

問図 2-64

2.8 最大電力の供給（整合条件）

学習内容 電圧源から負荷に最大電力を供給する条件（最大電力供給条件）
目　標 最大電力供給条件を回路に適用できる。また、電力の最大値が計算できる。

・図 2-62(a)のように、可変できる負荷抵抗Rに、電圧V_0の理想的な電圧源（すなわち、内部抵抗0[Ω]）が接続されている。このときRで消費される電力P[W]を、V_0とRで表すと、(1-17)式より、P.13

$$① \ P = \boxed{} \tag{2-53}$$

となる。

・理想的電圧源では、電圧V_0は、負荷抵抗② Rがどのような小さな値であっても変化しない、Rの値が小さくなると低くなる。したがって、(2-53)式より、PはRを小さくするほど大きくできる。したがって、電源はいくらで大きな電力を負荷に供給できることになる。

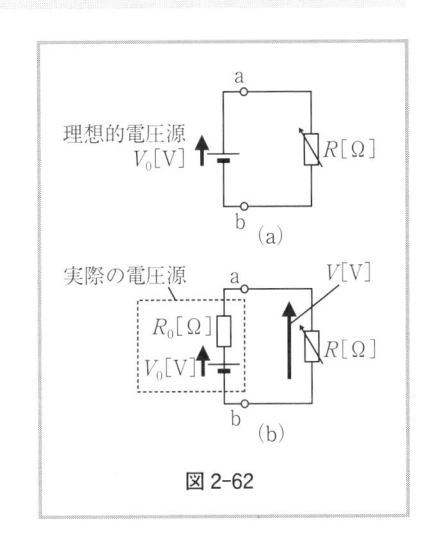

図 2-62

・ところが、実際の電圧源は、同図(b)に示すように必ず内部抵抗R_0を持っている。この場合は、負荷抵抗Rを変化させるとき、Rに**供給できる電力に最大値（上限）**が生じる。この**最大値を与える条件**（Rの値）と、そのときの**最大電力値**P_m[W]を求めてみよう。

・図(b)において、抵抗Rに加わる電圧がVであるとして、Rの消費電力PをVとRで表すと、

$$③ \ P = \boxed{} \tag{2-54}$$

Vは分圧則より、

$$④ \ V = \boxed{} V_0 \tag{2-55}$$

(2-54)式に(2-55)式を代入して、PをR、R_0、Vで表すと

$$⑤ \ P = \boxed{} V_0^2 \tag{2-56}$$

となる。

・そこで、(2-56)式に基づき、PがRによってどのように変化するかを調べる。それにはいくつかの方法があるが、ここでは、式変形による方法を示す（微分による方法があるが、それについては交流電力の最大値（ノート2の6.4節）において説明する）。(2-56)式より、

$$P=\frac{R}{(R_0+R)^2}V_0^2=\frac{R}{(R_0+R)^2}V_0^2\times\frac{1/R}{1/R}=\frac{1}{\frac{(R_0+R)^2}{R}}V_0^2=\frac{1}{\left(\frac{R_0+R}{\sqrt{R}}\right)^2}V_0^2$$

$$=\frac{1}{\left(\frac{R_0}{\sqrt{R}}+\sqrt{R}\right)^2}V_0^2=\frac{1}{\left(\frac{R_0}{\sqrt{R}}-\sqrt{R}\right)^2+4R_0}V_0^2 \tag{2-57}$$

・(2-57)式において、Rによって変化する項は、右辺の分母の第1項である$\frac{R_0}{\sqrt{R}}-\sqrt{R}$のみである。したがって、この項が0になるとき、$P$が最大となる。ゆえに求める条件は、

$$\frac{R_0}{\sqrt{R}}-\sqrt{R}=0$$

$$\therefore \sqrt{R}=\frac{R_0}{\sqrt{R}}$$　　したがって、このときのRとR_0の関係は、

⑥ $\therefore R=$ _____ [Ω] (2-58)

すなわち、**負荷抵抗が電圧源の内部抵抗に等しいときに、電力 P が最大**になる。

・(2-58)式の関係を、負荷に**供給**する**電力**が**最大**になる**条件**ゆえ、⑦ _____ 条件あるいは、電圧源の内部抵抗と負荷が**整合**（マッチング）する**条件**ということから⑧ _____ 条件という。

・この条件における負荷の消費電力が最大電力P_mであるから、(2-58)式を(2-56)式に代入して、

$$P_m=\frac{R}{(R_0+R)^2}V_0^2=\frac{R_0}{(R_0+R_0)^2}V_0^2$$　　したがって、最大電力は、

⑨ $P_m=$ _____ V_0^2 [W] (2-59)

となる。

＜2.8 例題＞

[1] 図2-63の直流回路で、整合条件を利用して、負荷抵抗R[Ω]で消費される電力を最大にするRの値と、その最大電力P_m[W]を求めよ。

（解答）

・整合条件を利用するために、図2-63のab端子から左側を見た回路を電圧源とみなし、それを、開放電圧（起電力）V_0、内部抵抗R_0からなる定電圧等価回路に変換する。

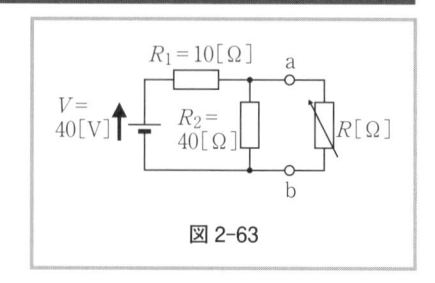

・同図より、V_0は電圧Vを二つの抵抗R_1, R_2で分圧して、すればよいから、

図2-63

⑩ $V_0 = \dfrac{\boxed{}}{\boxed{}+\boxed{}} \times V = \dfrac{\boxed{}}{\boxed{}+\boxed{}} \times 40 = 32$ [V]

また、R_0は、R_1, R_2の並列接続より、

⑪ $R_0 = \dfrac{\boxed{}}{\boxed{}+\boxed{}} = \dfrac{\boxed{}}{\boxed{}+\boxed{}} = 8$ [Ω]

整合条件より、最大電力が得られる抵抗Rは、定電圧等価回路の内部抵抗R_0に等しいときであるから、

$R = R_0 = \underline{8 [\Omega]}$

最大電力は、$P_m = \dfrac{V_0^2}{4R_0} = \dfrac{32^2}{4 \times 8} = \underline{32 [W]}$

または、この場合に回路に流れる電流は$I = \dfrac{V_0}{R_0 + R} = \dfrac{32}{8 \times 2} = 2$ [A]、このときの負荷Rの消費電力が最大電力P_mであるから、P_mを電流IとRで表して、

∴ ⑫ $P_m = \boxed{} = \boxed{} \times \boxed{} = \underline{32 [W]}$

<2.8 練習問題>

[1] 問図2-65の回路で、整合条件を利用して、負荷抵抗$R[\Omega]$で消費される電力を最大にするRの値と、その最大電力$P_m[W]$を求めよ。

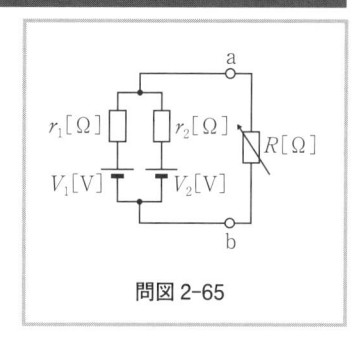

問図2-65

解　答

第2章

2.1 抵抗の直並列接続

2.1(1) 直列接続した抵抗の合成抵抗

① 解答図2-1　② $V_{ca} = \underline{V} = \underline{V_1 + V_2 + V_3}$

③ $V_1 = \underline{R_1 I}$, $V_2 = \underline{R_2 I}$, $V_3 = \underline{R_3 I}$

④ $V = \underline{(R_1 + R_2 + R_3)I}$　⑤ $R = \underline{R_1 + R_2 + R_3}$

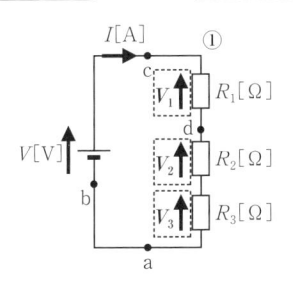

解答図2-1

2.1(2) 並列接続した抵抗の合成抵抗

⑥ $I = \underline{I_1 + I_2 + I_3}$　⑦ $I_1 = \dfrac{V}{\underline{R_1}}$, $I_2 = \dfrac{V}{\underline{R_2}}$, $I_3 = \dfrac{V}{\underline{R_3}}$

⑧ $I = \left(\dfrac{1}{\underline{R_1}} + \dfrac{1}{\underline{R_2}} + \dfrac{1}{\underline{R_3}} \right) \cdot V$

⑨ $\dfrac{1}{R} = \dfrac{1}{\underline{R_1}} + \dfrac{1}{\underline{R_2}} + \dfrac{1}{\underline{R_3}}$

⑩ $\dfrac{1}{R} = \dfrac{1}{\underline{R_1}} + \dfrac{1}{\underline{R_2}} = \dfrac{\underline{R_1 + R_2}}{\underline{R_1 R_2}}$

⑪ $R = \dfrac{\underline{R_1 R_2}}{\underline{R_1 + R_2}}$　⑫ $\dfrac{\underline{積}}{\underline{和}}$

2.1(3) 直並列接続した抵抗の合成抵抗

<2.1(3) 例題>

⑬ $R_1 = \dfrac{10 \times 10}{\underline{10 + 10}}$　⑭ $R_2 = \dfrac{3 \times 6}{\underline{3 + 6}}$

⑮ $R = \underline{5 + 2 + 5}$

⑯ $R_3 = \dfrac{6 \times 12}{6 + 12} = \underline{4}$　⑰ $R_4 = \underline{16 + 4} = \underline{20}$

⑱ $R = \dfrac{\underline{20 \times 30}}{\underline{20 + 30}}$

2.1(4) 直列抵抗による分圧

⑲ $\dfrac{V_1}{V} = \dfrac{R_1 \cdot I}{(R_1 + R_2 + R_3) \cdot I} = \dfrac{R_1}{R_1 + R_2 + R_3}$

⑳ $V_1 = \dfrac{R_1}{R_1 + R_2 + R_3} V$

㉑ $V_1 : V_2 : V_3 = \underline{R_1 : R_2 : R_3}$　㉒ 分圧

㉓ 同じ、~~異なる~~

<2.1(4) 例題>

㉔ $\dfrac{V_1}{V} = \dfrac{R_1}{R_1 + 10 + 20}$　㉕ $\therefore 7 R_1 = \underline{R_1 + 10 + 20}$

2.1(5) 並列抵抗による分流

㉖ $\dfrac{I_1}{I} = \dfrac{\left(\dfrac{1}{R_1} \right) \cdot V}{\left(\dfrac{1}{R_1} + \dfrac{1}{R_2} + \dfrac{1}{R_3} \right) \cdot V}$

$= \dfrac{\left(\dfrac{1}{R_1} \right)}{\left(\dfrac{R_1 R_2 + R_2 R_3 + R_3 R_1}{R_1 R_2 R_3} \right)}$

㉗ $\therefore \dfrac{I_1}{I} = \dfrac{R_2 R_3}{R_1 R_2 + R_2 R_3 + R_3 R_1}$

㉘ $\therefore I_1 = \dfrac{R_2 R_3}{R_1 R_2 + R_2 R_3 + R_3 R_1} \cdot I$

㉙ $I_1 : I_2 : I_3 = \dfrac{1}{\underline{R_1}} : \dfrac{1}{\underline{R_2}} : \dfrac{1}{\underline{R_3}}$　㉚ 分流

㉛ 同じ、~~異なる~~

㉜ $\dfrac{I_1}{I} = \dfrac{\left(\dfrac{1}{R_1} \right) \cdot V}{\left(\dfrac{1}{R_1} + \dfrac{1}{R_2} \right) \cdot V} = \dfrac{\left(\dfrac{1}{R_1} \right)}{\left(\dfrac{R_1 + R_2}{R_1 R_2} \right)}$

㉝ $\dfrac{I_1}{I} = \dfrac{R_2}{R_1 + R_2}$　㉞ $\therefore I_1 = \dfrac{R_2}{R_1 + R_2} \cdot I$

㉟ $I_1 : I_2 = \dfrac{1}{\underline{R_1}} : \dfrac{1}{\underline{R_2}}$

<2.1(5) 例題>

㊱ ~~de~~、db　㊲ $\underline{R_2 + 7}$ $[\Omega]$

㊳ $I_1 = \dfrac{R_2 + 7}{2 + R_2 + 7} \cdot I$

● 回路の動作により、分流則の正しさを理解する

㊴ 0に近づく、~~変わらない~~　㊵ $I_1 \cong I$、~~I_2~~、~~0~~

㊶ $I_1 = \dfrac{R_2}{R_1+R_2} \cdot I \cong \dfrac{R_2}{R_2} \cdot I$

㊷ $I_1 \cong I$, $\underline{I_2 \cong 0}$　㊸ $I_1 \cong \underline{I}$, $\underline{I_2}$, 0

< 2.1(1)～(5) 練習問題 >

[1] $R_{ab} = \dfrac{18 \times 9}{18+9} = \underline{6[\Omega]}$　$\dfrac{1}{R_{bc}} = \dfrac{1}{12} + \dfrac{1}{6} + \dfrac{1}{4}$

$\therefore R_{bc} = \underline{2[\Omega]}$

$R_{ac} = R_{ab} + R_{bc} = 6+2 = \underline{8[\Omega]}$、分圧則より

$V_{ab} = \dfrac{R_{ab}}{R_{ab}+R_{bc}}V = \dfrac{R_{ab}}{R_{ac}}V = \underline{\dfrac{3V}{4}}[V]$

[2] $8[\Omega]$, $30[\Omega]$, $20[\Omega]$ からなる bd 間の抵抗を R とすると、直並列回路計算により、

$R = 8 + \dfrac{30 \times 20}{30+20} = 20[\Omega]$。この R と $40[\Omega]$ の抵抗には**同一の電圧**が加わっているので、この並列回路に分流則を適用して、

$I_1 = \dfrac{40}{R+40}I_0 = \dfrac{40}{20+40} \times 12 = \underline{8}[A]$　さらに、

$20[\Omega]$ と $30[\Omega]$ の並列回路に分流則を適用して、

$I_2 = \dfrac{30}{20+30}I_1 = \underline{4.8}[A]$

[3] 解答図 2-2(a) において、$5[\Omega]$ と $3[\Omega]$ に分圧則を適用し、$V_{cd} = \dfrac{3}{5+3} \times 7$ とするのは誤り。

$\therefore I \neq I_1$ であり、分圧則が成立していない。そ

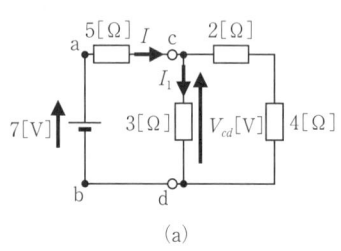

こで、cd 端子から右を見た $3[\Omega]$, $2[\Omega]$, $4[\Omega]$ からなる合成抵抗を R とすると、この R には、同図 b のように $5[\Omega]$ と同一の電流 I が流れるので、分圧則が成立する。したがって、

$R = \dfrac{3 \times (2+4)}{3+2+4} = 2$、分圧則より

$V_{cd} = \dfrac{R}{5+R} \times 7 = \underline{2}[V]$

[4] 並列抵抗の合成ゆえ、

$\dfrac{1}{R_0} = \dfrac{9}{20} = \dfrac{1}{R} + \dfrac{1}{10} + \dfrac{1}{20}$　$\therefore \dfrac{9}{20} = \dfrac{20+3R}{20R}$

$R = \underline{\dfrac{10}{3}}[\Omega]$

[5] $2[\Omega]$ の電力を P、$2[\Omega]$ に加わる電圧を V_1、$2[\Omega]$ と $4[\Omega]$ の合成抵抗を R_1、$6[\Omega]$ と $3[\Omega]$ の合成抵抗を R_2 とする。$V_1^2 = 2P = 2 \times 2$　$\therefore V_1 = 2$、

$R_1 = \dfrac{4 \times 2}{4+2} = \dfrac{4}{3}$, $R_2 = \dfrac{6 \times 3}{6+3} = 2$　分圧則より、

$V_1 = 2 = \dfrac{R_1}{R_1+R_2}V = \dfrac{4/3}{4/3+2}V$　$\therefore 2 = \dfrac{2}{5}V$

$\therefore V = \underline{5}[V]$

[6] R_2 の電力を P、R_1, R_2 に加わる電圧をそれぞれ V_1, V_2、R_2 と R_3 の合成抵抗を R_{23} とする。

$V_2^2 = R_2 P = 4 \times 1$　$\therefore V_2 = 2$, $R_{23} = \dfrac{4 \times 2}{4+2} = \dfrac{4}{3}$

分圧則より、$V_1 : V_2 = R_1 : R_{23}$　$\therefore V_1 : 2 = 4 : \dfrac{4}{3}$

$\therefore V_1 = \dfrac{2 \times 4}{4/3} = \underline{6}[V]$

[7] $V = 900[V]$ のとき $V_m = 300[V]$（最大目盛）となればよいから、分圧側より、

$V_m = V \times \dfrac{R_m}{R_m+R}$

$\therefore 300 = 900 \times \dfrac{10 \times 10^3}{10 \times 10^3 + R}$　$\therefore R = \underline{20 \times 10^3}[\Omega]$

[8] (1) 分圧則により $\dfrac{V_0}{V} = \dfrac{R}{R+R_0}$、一方、題意から、$\dfrac{V_0}{V} = \dfrac{1}{n}$、両者を等しいとおいて

$\dfrac{R}{R+R_0} = \dfrac{1}{n}$、これを整理して、$R = \underline{(n-1)R_0}[\Omega]$

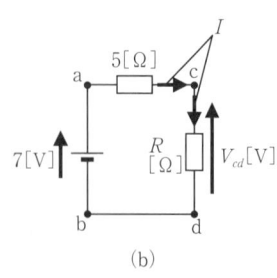

解答図 2-2

(2) (1)で求めた式に具体的な値を代入して、$R=\underline{99[\mathrm{k}\Omega]}$

[9] 解答図2-3(a)において、R_1とR_2に分圧則を適用し、$V_{cd}=V\times\dfrac{R_2}{R_1+R_2}$とするのは誤り。なぜならば、$I\neq I_1$であり、分圧則が成立しない。$R_2, R_3, R_4$の合成抵抗$R$と$R_1$には同図(b)のように、同一の電流$I$が流れるので、分圧則が成立する。

$R=\dfrac{R_2(R_3+R_4)}{R_2+R_3+R_4}$ゆえ、これを、

$V_{cd}=V\times\dfrac{R}{R_1+R}$に代入して、

$V_{cd}=\underline{\dfrac{R_2(R_3+R_4)}{R_1R_2+(R_1+R_2)(R_3+R_4)}V[\mathrm{V}]}$

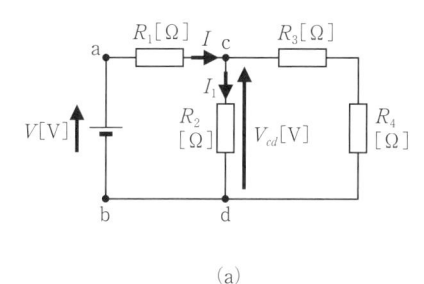

(a)

(b)

解答図2-3

[10] $I=2[\mathrm{A}]$のとき、$I_m=100[\mathrm{mA}]$(最大目盛)となればよいから、分流側より、

$I_m=I\times\dfrac{R}{R_m+R}\therefore 0.1=2\times\dfrac{R}{190+R}\therefore R=\underline{10[\Omega]}$

[11] (1) 流入する電流Iのうち、I_{AF}が抵抗$r[\Omega]$に流れるので分流則により、$\dfrac{I_{AF}}{I}=\dfrac{R}{r+R}$

この式を整理して、$R=\underline{\dfrac{rI_{AF}}{I-I_{AF}}[\Omega]}$ (2) (1)で求めた式に具体的な値を代入して、$R=\underline{1[\mathrm{m}\Omega]}$

[12] $6[\Omega]$と$3[\Omega]$の合成抵抗をR_1とすると、

$R_1=\dfrac{6\times 3}{6+3}=2$

$R_0=\dfrac{4R}{4+R}+\dfrac{R_1R}{R_1+R}=\dfrac{4R}{4+R}+\dfrac{2R}{2+R}$

$=\dfrac{6R^2+16R}{R^2+6R+8}$ 題意より$R_0=\dfrac{10}{3}$ 両者を等しいとおき$\dfrac{6R^2+16R}{R^2+6R+8}=\dfrac{10}{3}$ これを整理して

$4R^2-6R-40=0$ $\therefore R=-\dfrac{5}{2}, 4$ $R>0$ゆえ、

$\therefore R=\underline{4[\Omega]}$

[13] 直列のとき、$P_1=\dfrac{V^2}{R_1+R_2}=\dfrac{V^2}{2+R_2}$、並列のとき$P_2=\dfrac{V^2}{R_1\cdot R_2/(R_1+R_2)}=\dfrac{(2+R_2)V^2}{2R_2}$、題意より$P_1=\dfrac{1}{4.5}P_2$、したがって、

$\dfrac{V^2}{2+R_2}=\dfrac{1}{4.5}\times\dfrac{(2+R_2)V^2}{2R_2}$

$\therefore R_2^2-5R_2+4=0$ $\therefore R_2=4, 1$

$\therefore R_2>R_1$であるから、$\therefore R_2=\underline{4[\Omega]}$

[14] cd端子間の抵抗をR_2とすると

$R_2=\dfrac{16\times 4}{16+4}+\dfrac{12\times 8}{12+8}=8$ 分流則より、

$\dfrac{I_1}{I}=\dfrac{R_2}{R_2+R}=\dfrac{8}{8+R}$、題意より、$\dfrac{I_1}{I}=\dfrac{1}{4}$ 両者を等しいとおいて、$\dfrac{8}{8+R}=\dfrac{1}{4}$ $\therefore R=\underline{24[\Omega]}$

[15] 全電流をI_0とする。

$I_0=\dfrac{V}{R+\dfrac{5(5+R)}{5+5+R}}=\dfrac{79(10+R)}{R^2+15R+25}$ 分流則より、

$I_2=\dfrac{5}{5+5+R}I_0=\dfrac{5}{10+R}\times\dfrac{79(10+R)}{R^2+15R+25}$ 一方、題意より、$I_2=5$ 両者を等しいとおいて、整

解 答 115

理すると、$R^2+15R-54=0$　$\therefore R=3,\ -18$

$R>0$より、$R=\underline{3[\Omega]}$

[16] Sを開いたとき　$I_1=\dfrac{V}{2+R}\cdots$(i)　Sを閉じたとき、電源から回路に流入する全電流をI_0とすると、$I_0=\dfrac{V}{2+10R/(R+10)}=\dfrac{(R+10)}{2(6R+10)}V$

分流則より、

$$I'=\frac{10}{R+10}I_0=\frac{10}{R+10}\times\frac{R+10}{2(6R+10)}V$$

$$=\frac{5}{6R+10}V\cdots\text{(ii)}$$

題意より、$I'_1=0.9I_1$、これに(i)式,(ii)式を代入して、Rを求めると、$R=\underline{2.5[\Omega]}$

[17] (1) ab端子から右を見た抵抗をRとすると、$R=\dfrac{2(6+4)}{2+(6+4)}=\dfrac{5}{3}$　　分圧側より、

$$\frac{V_1}{V}=\frac{R}{5+R}=\frac{5/3}{5+5/3}=\underline{\frac{1}{4}}$$

(2) $\dfrac{V_2}{V}=\dfrac{V_1}{V}\times\dfrac{V_2}{V_1}=\dfrac{1}{4}\times\dfrac{4}{6+4}=\underline{\dfrac{1}{10}}$

[18] cd端子から右をみたR_2, R_3, R_4からなる回路の合成抵抗をRとすると、

$R=\dfrac{R_2(R_3+R_4)}{R_2+R_3+R_4}\cdots$(i)　d端子基準のc端子の電位を$V_{cd}$とすると、分圧則より

$V_{cd}=\dfrac{R}{R_1+R}V\cdots$(ii)　(ii)式に(i)式を代入して、

$V_{cd}=\dfrac{R_2(R_3+R_4)}{R_1R_2+(R_1+R_2)(R_3+R_4)}V\cdots$(iii)　分圧則より、$V_4=\dfrac{R_4}{R_3+R_4}V_{cd}$であるから、これに(iii)式を代入して、

$$V_4=\underline{\frac{R_2R_4}{R_1R_2+(R_1+R_2)(R_3+R_4)}V[\mathrm{V}]}$$

2.1(6) 電線は電気を通すゴムひも

㊹解答図2-4(b)　㊺~~直列~~、並列

㊻~~直列~~、並列　㊼直列、~~並列~~

㊽解答図2-4(c)

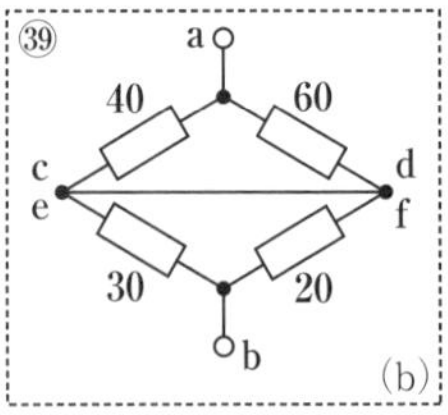

解答図2-4

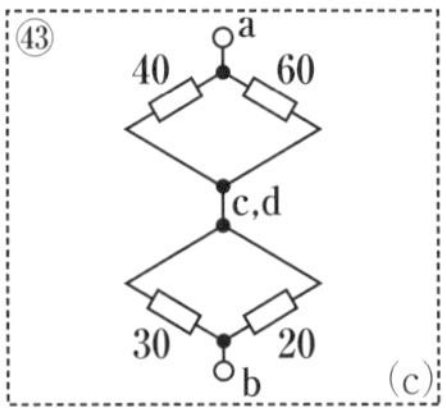

解答図2-4

㊾

$$R=\frac{40\times60}{40+60}+\frac{30\times20}{30+20}=\underline{24}+\underline{12}$$

＜2.1(6) 練習問題＞

[1] ゴムひもの考え方で回路を変形すると、解答図2-5になる。(1) cd端子間の合成抵抗は、$R_1=1.6+2.4=4$　ab端子間の合成抵抗は、$R=\dfrac{12R_1}{12+R_1}=\underline{3[\Omega]}$　(2) 電流I_1を図のようにとる。分流則より、

$$I_1=\frac{12}{12+R_1}I=\frac{12}{12+4}\times20=15$$

$$I_6=\frac{4}{4+6}I_1=\underline{6[\mathrm{A}]}$$

(3) $P=6(I_6)^2=\underline{216[\mathrm{W}]}$

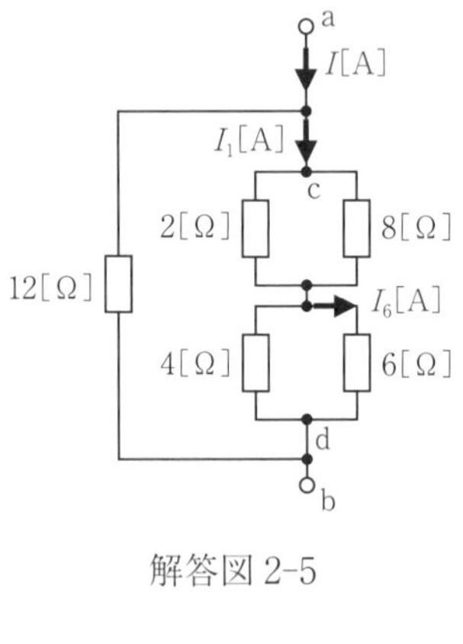

解答図2-5

[2] 問図2-19をゴムひもの考え方で変形すると解答図2-6になる。同図でcb間抵抗R_1は10[Ω]、したがってce間抵抗R_2は、$R_2=\dfrac{(R_1+10)\times30}{(R_1+10)+30}=12[\Omega]$。全合成抵抗$R$は、

$R=\dfrac{10\times 40}{10+40}+R_2=\underline{20}[\Omega]$

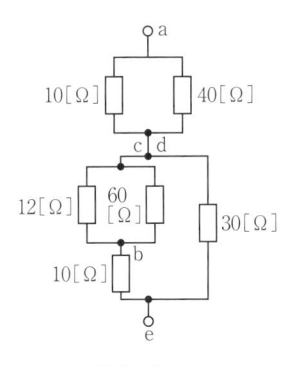

解答図 2-6

2.1(7) 直並列回路における2点間の電圧計算

㊿㊽は本文の図2-11に示す。

㊾ $V_{ab}=\underline{V_2-V_1}[V]$

< 2.1(7) 例題 >

㊿ $V_1=10\times\dfrac{5}{5+15}$

㊾ $V_2=10\times\dfrac{3}{3+7}$

< 2.1(7) 練習問題 >

[1] (1) be端子間の合成抵抗を R とすると、直並列回路計算により $R=24[\Omega]$ したがって、ae端子間の抵抗 R_0 は $40[\Omega]$

$\therefore I=\dfrac{14.4}{R_0}=\underline{0.36}[A]$ (2) bce および bde 間に流れる電流をそれぞれ I_1,I_2 とする (方向は左から右)。分流則により、$I_1=\dfrac{40}{60+40}I=0.144[A]$

$\therefore I_2=I-I_1=0.216[A]$ bc,be 間に加わる電圧を V_1,V_2 (方向は右から左) とすると、$V_1=20I_1=2.88[V]$、$V_3=30I_3=6.48[V]$。電位計算により、$V_{cd}=V_3-V_1=\underline{3.6}[V]$

(分圧則により、be 端子間に加わる電圧 $8.64[V]$ を求め、さらに分圧則により、$V_1=2.88[V]$、$V_3=6.48[V]$ を求めてもよい)。

[2] 解答図 2-7 のように I,I_1,V_2,V_4 をとる。ab端子間の全抵抗は $R_{ab}=\dfrac{2R\times 3R}{2R+3R}+2R=\dfrac{16}{5}R$

したがって、$I=\dfrac{V_{ab}}{R_{ab}}=\dfrac{5V_{ab}}{16R}$ 分流則より

$I_1=\dfrac{2R}{5R}I=\dfrac{V_{ab}}{8R}$。電位計算により、

$V_{cd}=V_4+V_2=RI+2RI_1=R\dfrac{5V_{ab}}{16R}+2R\times\dfrac{V_{ab}}{8R}$

$=\dfrac{9V_{ab}}{16}$ $\therefore V_{ab}=\dfrac{16}{9}V_{cd}=\dfrac{16}{9}\times 54=\underline{96}[V]$

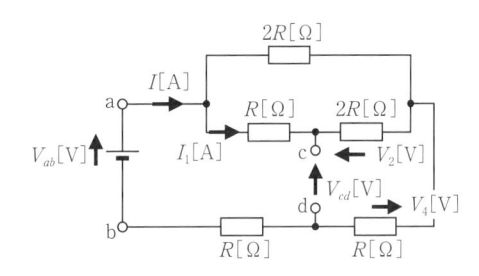

解答図 2-7

[3] (1) 解答図 2-8 において、回路の全合成抵抗を R_0 とすると、

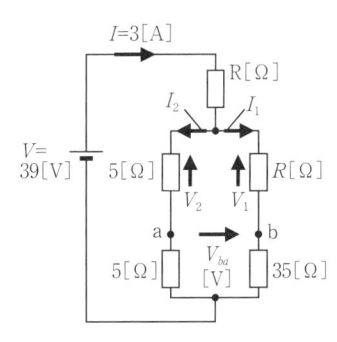

解答図 2-8

$R_0=R+\dfrac{10(R+35)}{R+45}=\dfrac{R^2+55R+350}{R+45}$ 一方、R_0 に加わる電圧 V と流入する電流 I より、

$R_0=\dfrac{V}{I}=\dfrac{39}{3}=13$

両者を等しいとおいて整理すると、

$R^2+42R-235=0$ $\therefore R=5, -47$ $R>0$ より、$R=\underline{5}[\Omega]$ (2) I_1,I_2,V_1,V_2 を図のようにとる。分流則から、

$I_1=\dfrac{10}{40+10}\times 3=0.6$ $I_2=I-I_1=2.4$

$V_{ba}=V_2-V_1=5I_2-RI_1=5\times 2.4-5\times 0.6=\underline{9}[V]$

2.1(8) ブリッジ回路

㊽平衡 ㊾等しい、~~異なる~~

㊼$V_{ad}=\dfrac{R_3}{R_1+R_3}V$　㊽$V_{bd}=\dfrac{R_4}{R_2+R_4}V$

㊾$\dfrac{R_3}{R_1+R_3}V=\dfrac{R_4}{R_2+R_4}V$　㊿$R_1R_4=R_2R_3$

㉛$R_4=\dfrac{R_2}{R_1}R_3$

< 2.1(8) 例題 >

㉜平衡している、~~平衡していない~~

㉝~~流れる~~、流れない

㉞$\dfrac{1}{R_0}=\dfrac{1}{3R}+\dfrac{1}{6R}+\dfrac{1}{2R}=\dfrac{1}{R}$

< 2.1(8) 練習問題 >

[1] ブリッジの平衡条件より、

$R_4=\dfrac{20}{15}\times R_3=\dfrac{4}{3}\times 45=\underline{60[\Omega]}$

―これまでの方法では解けない回路へ―

①抵抗　②21[Ω]　③25[Ω]　④16[Ω]

⑤46[Ω]　⑥0[Ω]　⑦15[Ω]　⑧10[Ω]

⑨21[Ω]　⑩25[Ω]　⑪16[Ω]

2.2 Δ－Y変換

①Δ－Y

②スター

2.2(1) Δ－Y変換式

③$R_2+R_3=\dfrac{R_{23}(R_{31}+R_{12})}{R_{23}+R_{31}+R_{12}}$

④$R_3+R_1=\dfrac{R_{31}(R_{12}+R_{23})}{R_{31}+R_{12}+R_{23}}$

⑤$2(R_1+R_2+R_3)=\dfrac{2(R_{12}R_{23}+R_{23}R_{31}+R_{31}R_{12})}{R_{31}+R_{12}+R_{23}}$

⑥$R_2=\dfrac{R_{12}R_{23}}{R_{12}+R_{23}+R_{31}}[\Omega]$

⑦$R_3=\dfrac{R_{23}R_{31}}{R_{12}+R_{23}+R_{31}}[\Omega]$

⑧$R_{23}=\dfrac{R_1R_2+R_2R_3+R_3R_1}{R_1}[\Omega]$

⑨$R_{31}=\dfrac{R_1R_2+R_2R_3+R_3R_1}{R_2}[\Omega]$

< 2.2(1) 例題 >

⑩$r_c=\dfrac{2\times 3}{2+3+5}=\underline{0.6}[\Omega]$

⑪$r_d=\dfrac{3\times 5}{2+3+5}=\underline{1.5}[\Omega]$

⑫$R=1+\dfrac{1\times 4}{1+4}$

< 2.2(1) 練習問題 >

[1] Δ－Y変換により、解答図2-9図の抵抗値　$r_a=\dfrac{60\times 30}{60+30+10}=18[\Omega], r_b=6[\Omega], r_c=3[\Omega]$

を得る。全合成抵抗は

$R=18+\dfrac{6\times(3+9)}{6+3+9}=22[\Omega]$

$\therefore I=\dfrac{44}{R}=\dfrac{44}{22}=\underline{2[A]}$

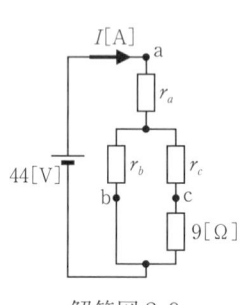

解答図2-9

[2] Δcdeを Y変換すると、解答図2-10になる。

図で、$R_c=\dfrac{2\times 5}{2+3+5}=1$、$R_d=0.6$、$R_e=1.5$

cfおよびbf端子間の抵抗をR_{cf}, R_{bf}とすると、

$R_{cf}=1+\dfrac{(0.6+5.4)(1.5+1.5)}{0.6+5.4+1.5+1.5}=3$

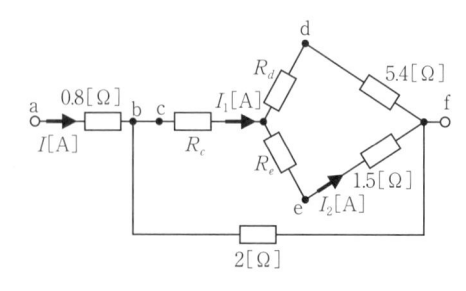

解答図2-10

$R_{bf}=\dfrac{2R_{cf}}{2+R_{cf1}}=\dfrac{2\times 3}{2+3}=1.2$

$\therefore R=0.8+R_{bf}=0.8+1.2=\underline{2.0}[\Omega]$

[3] 3つのΔ回路 ade, dbf, efc それぞれを Y 変換すると、解答図 2-11 になる。Y 回路の一辺の抵抗を r とすると、$r=\dfrac{R\times R}{R+R+R}=\dfrac{R}{3}$　ab 間合成抵抗は

$R_0=r+\dfrac{2r\times 4r}{2r+4r}+r=\dfrac{10}{3}r=\dfrac{10}{3}\times\dfrac{R}{3}=\underline{\dfrac{10}{9}R}[\Omega]$

なお、gc 間にある抵抗は、c 端子が開放であるため、R_0 の計算には関係しない。

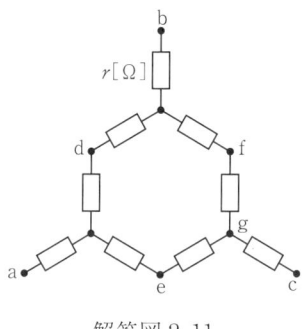

解答図 2-11

[4] 2つのΔ回路 abc, cde をそれぞれを Y 変換すると、解答図 2-12 になる。ここで、

$r_1=\dfrac{10\times 40}{10+40}=8$、$r_2=\dfrac{10\times 0}{10+40}=0$、

$r_3=\dfrac{40\times 0}{10+40}=0$、$r_4=\dfrac{60\times 30}{60+10+30}=18$、$r_5=6$、

$r_6=3$

合成抵抗 $R=8+\dfrac{(12+6)\times 18}{(12+6)+18}+3=\underline{20}[\Omega]$

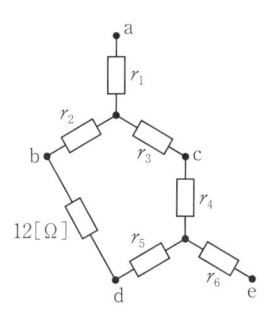

解答図 2-12

[5] Δ回路 abc を Y 変換すると解答図 2-13 になる。ed 端子から右を見た回路の合成抵抗を R_1 とする。

$R_1=\dfrac{4R(R+R_0)}{4R+R+R_0}\cdots$(i)　V_{ed} を図のようにとる。

分圧側より、$V_{ed}=\dfrac{R_1}{R+R_1}V$　これに (i) 式を代入し、整理すると

$V_{ed}=\dfrac{4(R+R_0)}{9R+5R_0}V$　さらに、分圧則より、

$V_0=\dfrac{R_0}{R+R_0}V_{ed}=\dfrac{R_0}{R+R_0}\times\dfrac{4(R+R_0)}{9R+5R_0}V$

$=\underline{\dfrac{4R_0}{9R+5R_0}V}[V]$

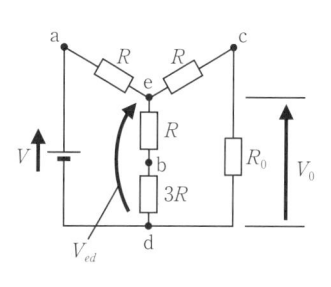

解答図 2-13

2.2(2) Δ-Y 変換と 2 点間の電圧計算による電流計算

⑬ ~~acd~~, bcd　⑭ $\underline{R_5}$　⑮ $\underline{d}$　⑯ $\underline{c}$

⑰ V_{cd}、解答図 2-14(a), (b)

< 2.2(2) 例題 >

[1] ⑱ $R_b=\dfrac{30\times 20}{30+10+20}=\underline{10}[\Omega]$

⑲ $R_c=\dfrac{30\times 10}{60}=\underline{5}[\Omega]$

⑳ $R_d=\dfrac{10\times 20}{60}$

㉑ $I_1=\dfrac{100/3}{25+100/3}\times 7$

㉒ $V_1=\underline{R_1}\cdot\underline{I_1}=\underline{20}\times\underline{4}$

㉓ $V_2=\underline{R_2}\cdot\underline{I_2}=\underline{30}\times\underline{3}$

㉔ $V_{cd}=\underline{V_2}-\underline{V_1}=\underline{90}-\underline{80}$

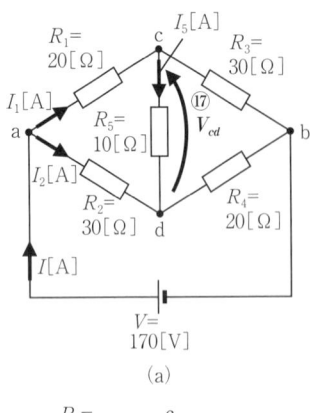

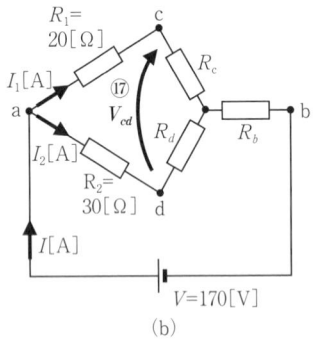

解答図 2-14

㉕ $\therefore I_5 = \dfrac{V_{cd}}{R_5} = \dfrac{10}{10}$

2.2(2) 練習問題

[1] 2つのΔ回路 abe, cde をそれぞれをY変換すると解答図 2-15 になる。Y回路の一辺の抵抗はRである。f g 間、ad 間の抵抗をそれぞれ R_{fg}, R_{ad} とすると、$R_{fg} = \dfrac{2R \times 5R}{2R + 5R} = \dfrac{10R}{7}$

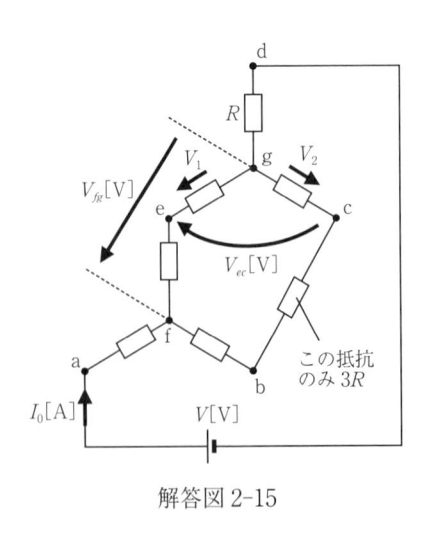

$R_{ad} = 2R + R_{fg} = \dfrac{24R}{7}$

電圧 V_{fg}, V_1, V_2 を図のようにとる。分圧則より、

$V_{fg} = \dfrac{R_{fg}}{R_{ad}} V = \dfrac{5}{12} V$

$V_{ec} = V_1 - V_2 = V_{fg}\left(\dfrac{R}{2R} - \dfrac{R}{5R}\right) = \dfrac{1}{8} V$

$I = \dfrac{V_{ec}}{3R} = \dfrac{1}{24R} V [\mathrm{A}]$

2.3 重ねの理

① $I = \dfrac{V_1 + V_2 - V_3}{R}$ ② $\dfrac{V_1}{R}$ ③ $\dfrac{V_2}{R}$ ④ $\underline{V_1}$

⑤ 短絡、~~開放~~ ⑥ 同じ、逆 ⑦ ~~同じ~~、逆

④⑤⑥⑦については解答図 2-16 参照 ⑧ 重ね

⑨ 短絡、~~開放~~ ⑩ $0[\Omega]$

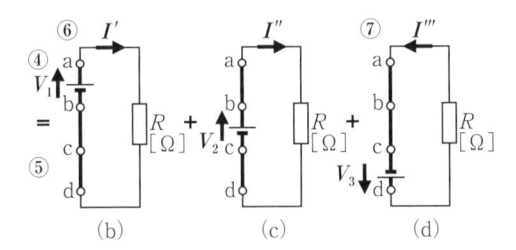

解答図 2-16

<2.3 例題>

⑪ 正、~~負~~ ⑫ $I'_3 = \dfrac{3}{2+3} \times I'_1$

⑬ $I''_1 = \dfrac{2}{1+2} \times I''_2$ ⑭ $I_1 = \underline{I'_1 - I''_1} = \dfrac{35}{11} - \dfrac{2}{11}$

⑮ $I_3 = \underline{I'_3 + I''_3} = \dfrac{21}{11} + \dfrac{1}{11}$

<2.3 練習問題>

[1] 各自で作る問題のため、解答なし。

[2] 重ねの理を適用するために、解答図 2-17(a)および(b)の2つの回路に分ける。図(a)において図のようにV'_2, V'_3をとると、分圧則より、

$V'_2 = V'_3 = \dfrac{6 \times 12/(6+12)}{4 + 6 \times 12/(6+12)} \times 72$

解答図 2-15

$= \dfrac{4}{4+4} \times 72 = 36$

図(b)において、図のように V''_2, V''_3 をとる。

分圧則より、$V''_2 = \dfrac{6}{6+4\times12/(4+12)} \times 36$

$= \dfrac{6}{6+3} \times 36 = 24$

$V''_3 = 36 - V''_2 = 36 - 24 = 12$

重ねの理より、

$V_2 = V'_2 - V''_2 = 36 - 24 = \underline{12\,[\mathrm{V}]}$

$V_3 = V'_3 + V''_3 = 36 + 12 = \underline{48\,[\mathrm{V}]}$

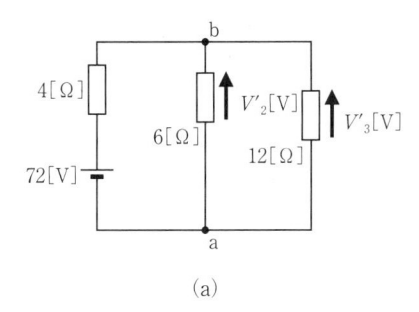

(a)

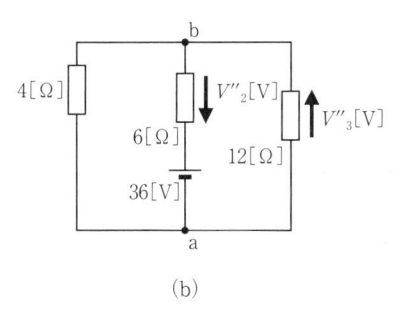

(b)

解答図 2-17

[3] 解答図 2-18 のように、2つの回路に分け、それぞれ図のように電流をとる。同図(a)において、

$I'_1 = \dfrac{V_1}{R_1 + R_2 R_3/(R_2+R_3)}$

$= \dfrac{(R_2+R_3)V_1}{R_1R_2 + R_2R_3 + R_3R_1}$、分流則より、

$I'_2 = I'_1 \times \dfrac{R_3}{R_2+R_3} = \dfrac{R_3 V_1}{R_1R_2+R_2R_3+R_3R_1}$。図 b において、

$I''_3 = \dfrac{V_3}{R_3 + R_1R_2/(R_1+R_2)}$

$= \dfrac{(R_1+R_2)V_3}{R_1R_2+R_2R_3+R_3R_1}$。分流則より、

$I''_1 = \dfrac{R_2}{R_1+R_2} I''_3 = \dfrac{R_2 V_3}{R_1R_2+R_2R_3+R_3R_1}$

$I''_2 = \dfrac{R_1}{R_1+R_2} I''_3 = \dfrac{R_1 V_3}{R_1R_2+R_2R_3+R_3R_1}$

重ねの理より、

$I_1 = I'_1 - I''_1 = \dfrac{(R_2+R_3)V_1 - R_2 V_3}{R_1R_2+R_2R_3+R_3R_1}\,[\mathrm{A}]$、

$I_2 = I'_2 + I''_2 = \dfrac{R_3 V_1 + R_1 V_3}{R_1R_2+R_2R_3+R_3R_1}\,[\mathrm{A}]$

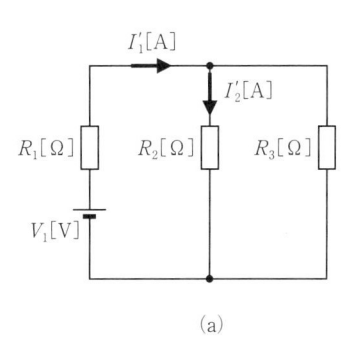

(a)

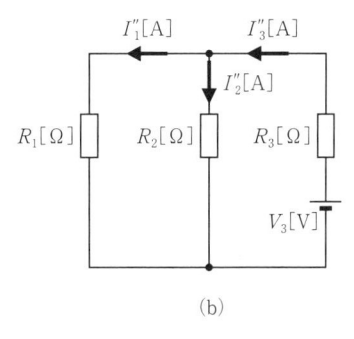

(b)

解答図 2-18

[4](1) 解答図 2-19 のように、2つの回路に分け、それぞれ図のように電圧をとる。同図(a)において、分圧則により、

$V'_1 = \dfrac{2}{2+4R/(R+4)} V = \dfrac{2(R+4)}{6R+8} V$

$V'_2 = V - V'_1 = \dfrac{4R}{6R+8} V$

同図(b)において、分圧則により、

解答 121

$V'_1 = V'_2 = \dfrac{2 \times 4/(2+4)}{R + 2 \times 4/(2+4)} \times 2V = \dfrac{16}{6R+8}V$

重ねの理より、

$V_1 = V'_1 + V''_1 = \dfrac{R+12}{3R+4}V \text{[V]}$

$V_2 = V''_2 - V'_2 = \dfrac{2(-R+4)}{3R+4}V \text{[V]} \cdots \text{(i)}$

(2) (i)式 = 0 とおいて、Rを求めると、

$\dfrac{2(-R+4)}{3R+4}V = 0 \quad \therefore -R+4 = 0 \quad \therefore R = 4 \text{[}\Omega\text{]}$

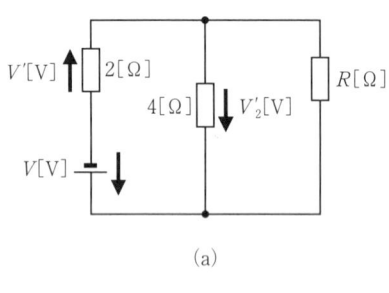

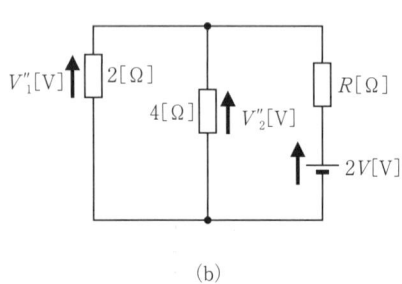

解答図 2-19

2.4 キルヒホッフの法則-枝電流法

① ループ ② 解答図 2-20 ③ $V_{AA} = \underline{V - RI}$

④ $V_{AA} = \underline{0}$ ⑤ $\underline{V - RI} = 0$

⑥ $V_{AA} = \underline{V_a - R_1 I_1 - R_3 I_3 - V_b} = 0$

⑦ $V_a - V_b = \underline{R_1 I_1 + R_3 I_3}$ ⑧⑨ 解答図 2-21

⑩ $V_{EE} = \underline{V_b + R_3 I_3 - R_2 I_2 + V_c}$

⑪ $\underline{V_b + V_c = R_2 I_2 - R_3 I_3}$

⑫ $V_{AA} = \underline{V_a - R_1 I_1 - R_2 I_2 + V_c}$

⑬ $\underline{V_a + V_c = R_1 I_1 + R_2 I_2}$

⑭ $\underline{V_a + V_c = R_1 I_1 + R_2 I_2}$ ⑮ $I_1 = I_2 + I_3$ ⑯ 分岐

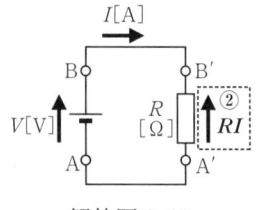

⑰ 枝電流 ⑱ 電流 ⑲ 電圧

解答図 2-20

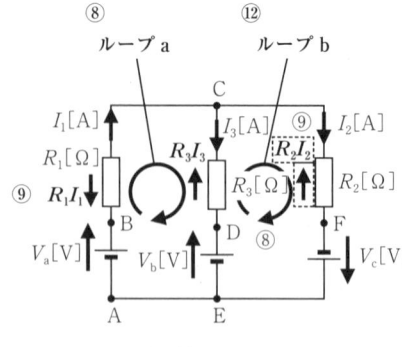

解答図 2-21

(V_aについて) ⑳ 同じ、逆 ㉑ 正、負

(V_bについて) ㉒ 同じ、逆 ㉓ 正、負

(I_1, I_3について) ㉔ 同じ、逆 ㉕ 正、負

(V_b, V_cについて) ㉖ 同じ、逆 ㉗ 正、負

(I_2について) ㉘ 同じ、逆 ㉙ 正、負

(I_3について) ㉚ 同じ、逆 ㉛ 正、負

< 2.4 例題 >

[1] ㉜ $\underline{I_1, I_2, I_3, I_4, I_5}$ ㉝ $\underline{I_1, I_2, I_3, I_4, I_5}$

㉞ $I_2 + I_3 = \underline{I_1 + I_4 + I_5}$

[2] ㉟ $I_1 = \underline{I_2 + I_3}$

(6[V]について) ㊱ 同じ、逆 ㊲ 正、負

(I_1について) ㊳ 同じ、逆 ㊴ 正、負

(I_3について) ㊵ 同じ、逆 ㊶ 正、負

(1[V]について) ㊷ 同じ、逆 ㊸ 正、負

(I_2について) ㊹ 同じ、逆 ㊺ 正、負

(I_3について) ㊻ 同じ、逆 ㊼ 正、負

㊽ $\underline{12} = \underline{2}I_2 + \underline{8}I_3$

< 2.4 練習問題 >

[1]

キルヒホッフ第1法則より $I_1 + I_2 = I_3$

∴ $I_2 = I_3 - I_1$ ⋯(i)

同第2法則より、

ループ a：$6 - 4 = 8I_1 + 2I_3$ ∴ $1 = 4I_1 + I_3$⋯(ii)

ループ b：$4 - 2 = -4I_2 - 2I_3$ ∴ $1 = -2I_2 - I_3$⋯(iii)

I_2を消去：(iii)式に(i)式を代入して、

$1 = -2(I_3 - I_1) - I_3$ ∴ $1 = 2I_1 - 3I_3$⋯(iii′)

I_3を消去：(ii)式×3＋(iii′)式により、

$4 = 14I_1$ ∴ $I_1 = \dfrac{2}{7}$[A]

(ii)式より、$I_3 = 1 - 4I_1 = 1 - \dfrac{8}{7} = -\dfrac{1}{7}$[A]

(i)式より、∴ $I_2 = I_3 - I_1 = -\dfrac{1}{7} - \dfrac{2}{7} = -\dfrac{3}{7}$[A]

[2] 各自で作る問題のため、解答例なし。

[3]

キルヒホッフ第1法則より、$I_3 = I_2 - I_1$ ⋯(i)

キルヒホッフ第2法則より、

ループ a：$V_1 = R_1 I_1 + R_2 I_2$⋯(ii)

ループ b：$V_3 = R_2 I_2 + R_3 I_3$⋯(iii)

I_3を消去：(iii)式に(i)式を代入して、

$V_3 = -R_3 I_1 + (R_2 + R_3) I_2$⋯(iv)

I_1を消去：(ii)式×R_3＋(iv)式×R_1により、

∴ $I_2 = \dfrac{V_1 R_3 + V_3 R_1}{R_1 R_2 + R_2 R_3 + R_3 R_1} \equiv \dfrac{B}{R_1 R_2 + A}$

∴ $\underline{A = R_2 R_3 + R_3 R_1, B = V_1 R_3 + V_3 R_1}$

[4] 分岐点 b おいて、キルヒホッフ第1法則により、$I_1 = I_2 + I_3$⋯(i)

第2法則より、

ループ a：$V_1 + V_2 = R_1 I_1 + R_2 I_2$⋯(ii)

ループ b：$-V_2 + V_3 = -R_2 I_2 + R_3 I_3$⋯(iii)

(ii)に(i)を代入して、

$V_1 + V_2 = (R_1 + R_2) I_2 + R_1 I_3$⋯(ii′)

I_3を消去：(ii′)式×R_3－(iii)式×R_1

$(V_1 + V_2) R_3 = (R_1 + R_2) R_3 I_2 + R_1 R_3 I_3$

$-) (-V_2 + V_3) R_1 = -R_1 R_2 I_2 + R_1 R_3 I_3$

$(V_1 + V_2) R_3 + (V_2 - V_3) R_1$

$= (R_1 R_2 + R_2 R_3 + R_3 R_1) I_2$

∴ $I_2 = \dfrac{(V_1 + V_2) R_3 + (V_2 - V_3) R_1}{R_1 R_2 + R_2 R_3 + R_3 R_1}$[A]

[5] 分岐点 a おいて、キルヒホッフ第1法則により、$I_1 = I_2 + I_3$⋯(i)

第2法則より、

ループ a：$V = R I_1 + (1 + n) R I_3$⋯(ii)

ループ b：$0 = -R I_2 + (1 + n) R I_3$⋯(iii)

(i)式を(ii)式に代入して、

$V = R I_2 + (2 + n) R I_3$⋯(ii′)

(ii′)式＋(iii)式より、$V = (3 + 2n) R I_3$

∴ $I_3 = \dfrac{V}{(3 + 2n) R}$[A]

[6] 分岐点 a：$I_1 = I_3 - I_2$⋯(i)

分岐点 b：$I_5 = I_3 + I_4$⋯(ii)

ループ a：$1 = 6I_1 - 5I_2$⋯(iii)

ループ b：$0 = 5I_2 + I_3 - 7I_4$⋯(iv)

ループ c：$10 = 7I_4 + I_5$⋯(v)

ここではI_1, I_5, I_4, I_3の順に消去する。I_1の消去：(iii)式に(i)式を代入して

$1 = -11 I_2 + 6 I_3$⋯(iii′) I_5の消去：(v)式に(ii)式を代入して

$10 = I_3 + 8I_4$⋯(v′)

I_4の消去：(iv)式×8＋(v′)式×7

$0 = 40 I_2 + 8 I_3 - 56 I_4$

$+) 70 = 7 I_3 + 56 I_4$

$70 = 40 I_2 + 15 I_3$⋯(vi)

I_3の消去：(vi)式×2/5－(iii′)式

$28 = 16 I_2 + 6 I_3$

$-) 1 = -11 I_2 + 6 I_3$

∴ $27 = 27 I_2$ ∴ $I_2 = \underline{1}$[A]

[7] 分岐点 c：$I_0 = I_1 + I_2$⋯(i)

分岐点 e：$I_3 = I_1 - I_5$⋯(ii)

分岐点 f：$I_4 = I_2 + I_5$⋯(iii)

ループ a：$0 = I_1 - 5 I_2 + 2 I_5$⋯(iv)

ループ b：$0 = -2 I_3 + I_4 + 2 I_5$⋯(v)

ループc：$11=I_0+5I_2+I_4$…(vi)

ここではI_3, I_4, I_0, I_1, I_2の順に消去する。

I_3, I_4の消去：(v)式に(ii)式,(iii)式を代入して
$0=-2I_1+I_2+5I_5$…(v′)　I_4, I_0の消去：(vi)式に(i)式,(iii)式を代入して $11=I_1+7I_2+I_5$
…(vi′)　I_1の消去：(iv)式×2+(v′)式より、
$0=-I_2+I_5$…(vii)

(v′)式+(vi′)式×2より、$22=15I_2+7I_5$…(viii)
(vii)式×7+(viii)式より $22=22I_5$

∴ $I_5=\underline{1[\text{A}]}$

2.5 キルヒホッフの法則-ループ電流法
2.5(1) ループ電流法の導出
① $I_1=I_a$ ② $I_3=-I_b$ ③ $I_4=I_b+I_c$
④ $I_5=I_a+I_b$
⑤ $0=-2(-I_b)+I_b+I_c+2(I_a+I_b)$
⑥ $0=2I_b+I_b+I_c+2I_a+2I_b$
⑦ $11=I_c+5(I_c-I_a)+I_b+I_c$
⑧ $11=I_c+5I_c-5I_a+I_b+I_c$　⑨ループ電流
(11[V]について)⑩同じ、逆　⑪正、負
(I_aについて)⑫同じ、逆　⑬正、負
(I_bについて)⑭同じ、逆　⑮正、負
(I_cについて)⑯同じ、逆　⑰正、負

＜2.5(1)例題＞
(6[V]について)⑱同じ、逆　⑲正、負
(I_aについて)⑳同じ、逆　㉑正、負
(I_bについて)㉒同じ、逆　㉓正、負
㉔$\underline{30}=\underline{20}I_a-\underline{15}I_b$　㉕$\underline{3}=-\underline{9}I_a+\underline{15}I_b$

2.5(2) ループの決め方
＜2.5 練習問題＞

[1] 左側の四角、右側の四角に、それぞれ右回りのループ電流I_a, I_bをとる。

ループI_a：$6-4=10I_a-2I_b$
∴ $1=5I_a-I_b$…(i)、
ループI_b：$4-2=-2I_a+6I_b$
∴ $1=-I_a+3I_b$…(ii)

I_bを消去：(i)式×3+(ii)式より、$4=14I_a$
∴ $I_a=\dfrac{2}{7}$　I_aを消去：(i)式+(ii)式×5より、
∴ $I_b=\dfrac{3}{7}$　$I_1=I_a=\underline{\dfrac{2}{7}[\text{A}]}$　$I_2=-I_b=\underline{-\dfrac{3}{7}[\text{A}]}$
$I_3=I_a-I_b=\underline{-\dfrac{1}{7}[\text{A}]}$

[2] 各自で作る問題のため、解答例なし。

[3] ループ電流$I_a, I_b, I_c,$を解答図2-22のようにとる。

ループI_a：$1=11I_a-5I_b$…(i)
ループI_b：$0=-5I_a+13I_b-7I_c$…(ii)
ループI_c：$10=-7I_b+8I_c$…(iii)
I_cを消去：(ii)式×8+(iii)式×7より、
$14=-8I_a+11I_b$…(iv)
I_bを消去：(i)式×11+(iv)式×5より
$I_a=\underline{I_1=1[\text{A}]}$

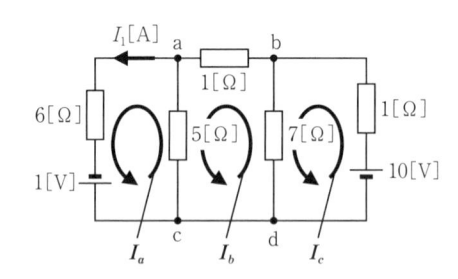

解答図2-22

[4] (1) ループI_a：

$V_1-V_3=(R_1+R_3)I_a-R_3I_b$…(i)。

ループI_b：

$V_3=-R_3I_a+(R_2+R_3)I_b$…(ii)

I_bを消去：(i)式×(R_2+R_3)+(ii)式×R_3より、

$I_a=\dfrac{V_1(R_2+R_3)-V_3R_2}{R_1R_2+R_2R_3+R_3R_1}$

I_aを消去：(i)式×R_3+(ii)式×(R_1+R_3)より、

$I_b=\dfrac{V_1R_3+V_3R_1}{R_1R_2+R_2R_3+R_3R_1}$

∴ $I_1=I_a=\underline{\dfrac{V_1(R_2+R_3)-V_3R_2}{R_1R_2+R_2R_3+R_3R_1}[\text{A}]}$

$I_2 = I_b = \dfrac{V_1 R_3 + V_3 R_1}{R_1 R_2 + R_2 R_3 + R_3 R_1}$ [A]

$I_3 = I_a - I_b = \dfrac{V_1 R_2 - V_3(R_1+R_2)}{R_1 R_2 + R_2 R_3 + R_3 R_1}$ [A]

(2) 経路 acb：

$V_{ba} = V_1 - R_1 I_1 = \dfrac{(V_1 R_3 + V_3 R_1) R_2}{R_1 R_2 + R_2 R_3 + R_3 R_1}$ [V]　経路 adb：

$V_{ba} = R_2 I_2 = \dfrac{(V_1 R_3 + V_3 R_1) R_2}{R_1 R_2 + R_2 R_3 + R_3 R_1}$ [V]　両経路で求めた電位 V_{ba} は一致する。

[5] ループ I_a: $V = 6RI_a - 3RI_b + 3RI_c \cdots$ (i)
ループ I_b: $0 = -3RI_a + (6R+R_0)I_b + 3RI_c \cdots$ (ii)
ループ I_c: $0 = RI_a + RI_b + 3RI_c \cdots$ (iii)
I_c 消去：(ii)式−(i)式より、
$-V = -9RI_a + (9R+R_0)I_b \cdots$ (iv)
(i)式−(iii)式より、
$V = 5RI_a - 4RI_b \cdots$ (v)　I_a 消去：
(iv)式×5＋(v)式×9より、$4V = (9R+5R_0)I_b$
∴ $I_b = \dfrac{4V}{9R+5R_0}$

∴ $V_0 = R_0 I_0 = \dfrac{4R_0}{9R+5R_0} V$ [V]

[6] ループ I_a: $V_1 = 2RI_a - RI_b \cdots$ (i)。ループ I_b：
$V_2 - 2V_1 = -RI_a + 2RI_b + RI_c$ (ii)。
ループ I_c: $V_2 = RI_b + (R+R_x)I_c \cdots$ (iii)　$I_x = I_c$ を求めるために、まず I_a を消去：
(i)式＋(ii)式×2より、
$2V_2 - 3V_1 = 3RI_b + 2RI_c \cdots$ (iv)　次に I_b を消去：
(iii)式×3−(iv)式より、$3V_1 + V_2 = (R+3R_x)I_c$
$I_x = I_c = \dfrac{3V_1 + V_2}{R+3R_x}$ [A]

2.6 テブナンの定理
2.6(1) テブナンの定理とは
2.6(2) 回路シミュレータによる実験
①解答図2-23　②定電圧等価回路
③開放電圧　④内部抵抗

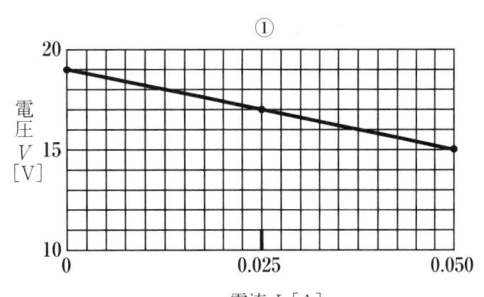

解答図2-23

2.6(3) テブナンの定理の証明

⑤ $I' = \dfrac{V_0}{R_0 + R}$　⑥開放、~~短絡~~　⑦開放電圧

⑧ $V_{ab} = V_{cb} + V_0$　⑨ $V_{ab} = V_0$　⑩開放電圧

⑪テブナンの等価回路

< 2.6 例題 >

[1] ⑫ $V_1 = \dfrac{6}{4+6} \times 10$

⑬ $V_2 = \dfrac{2}{3+2} \times 10$

⑭ $V_0 = -V_2 + V_1 = -4 + 6$

⑮ $R_0 = \dfrac{4 \times 6}{4+6} + \dfrac{3 \times 2}{3+2} = 2.4 + 1.2$

⑯ $I = \dfrac{V_0}{R_0 + R} = \dfrac{2}{3.6+1.4} = \dfrac{2}{5}$

⑰ $I = \dfrac{2}{3.6+6.4} = \dfrac{2}{10}$

[2] ⑱ $6+1 = (1+2) \times I_a$　⑲ $I_a = \dfrac{7}{3}$

⑳ $V' = -1 + 2I_a = -1 + 2 \times \dfrac{7}{3}$

㉑ ~~生じる~~、生じない　㉒ ~~短絡~~、開放　㉓ ~~流れる~~、流れない

㉔ $V_0 = V' + \dfrac{1}{3} = \dfrac{11}{3} + \dfrac{1}{3}$

㉕ $R_0 = \dfrac{1 \times 2}{1+2} + \dfrac{4}{3}$

㉖ $I = \dfrac{V_0}{R_0 + R} = \dfrac{4}{2+4}$

< 2.6 練習問題>

[1] (1) 解答図 2-24(b)　開放電圧は、電源電圧の4[V]が、60[Ω]と40[Ω]で分圧された電圧ゆえ、$V_0 = \dfrac{40}{60+40} \times 4 = \underline{1.6[V]}$

内部抵抗は、直並列抵抗の計算より、

$R_0 = 16 + \dfrac{40 \times 60}{40+60} = \underline{40[\Omega]}$

(2) 解答図 2-24(c)　テブナンの定理より、

$I = \dfrac{V_0}{R_0 + R} = \dfrac{1.6}{40+60} = \underline{1.6 \times 10^{-2}[A]}$

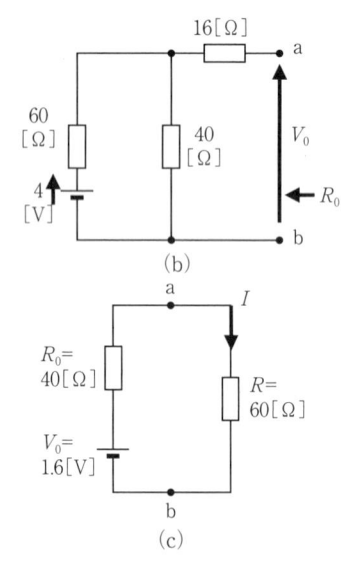

解答図 2-24

[2] 抵抗$R = 0.8[\Omega]$を取り除いた回路（解答図 2-25(a)）において電流I_aを仮定すると、キルヒホッフの第2法則より、

$6 - 1 = (3+2)I_a$　　∴ $I_a = 1$

開放電圧は、$V_0 = 1 + 2I_a = 1 + 2 \times 1 = 3[V]$

内部抵抗は$R_0 = \dfrac{3 \times 2}{3+2} = 1.2[\Omega]$

したがって、同図(b)のテブナンの等価回路が得られる。したがって、

$I = \dfrac{V_0}{R_0 + R} = \dfrac{3}{1.2 + 0.8} = \underline{1.5[A]}$

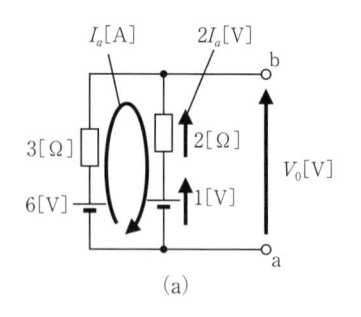

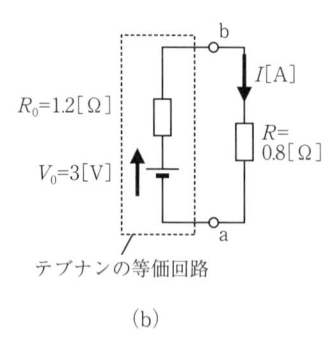

解答図 2-25

[3] (1) 回路N_0について、開放電圧：fecdfのループに右回りの電流I_aを仮定すると、

$I_a = \dfrac{6-4}{60+40} = \dfrac{1}{50}[A]$、

$V_{cd} = 4 + 40 \times I_a = 4.8[V]$、

$V_0 = V_{cd} + 1.2 = \underline{6.0[V]}$、

内部抵抗：$R_0 = \dfrac{60 \times 40}{60+40} + 26 = \underline{50[\Omega]}$。

(2) テブナンの定理より、

$I = \dfrac{V_0}{R_0 + R} = \dfrac{6.0}{50+50} = \underline{6 \times 10^{-2}[A]}$

[4] 各自で作る問題のため、解答例なし。

[5] 解答図 2-26 のように、ab端子が回路の右端に来るように変形すると考えやすい。V'を同図のようにとる。分圧則より、

$V' = \dfrac{R_2}{R_1 + R_2} V_1$　　開放電圧は、

$V_0 = V' - V_2 = \dfrac{R_2}{R_1 + R_2} V_1 - V_2$、内部抵抗は、

$R_0 = \dfrac{R_1 R_2}{R_1 + R_2}$、テブナンの定理より、

$$I_3 = \frac{V_0}{R_0+R_3} = \frac{R_2V_1/(R_1+R_2)-V_2}{R_1R_2/(R_1+R_2)+R_3}$$

$$= \frac{R_2V_1-(R_1+R_2)V_2}{R_1R_2+R_2R_3+R_3R_1}[\text{A}]$$

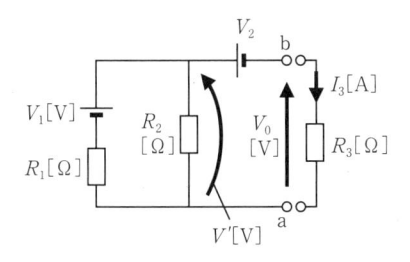

解答図 2-26

[6] R を取り外した解答図 2-27 において、R_2, R_3 の合成抵抗を R_{23} とする。開放電圧 V_0 は R_1 と R_{23} の分圧により、

$$V_0 = \frac{R_{23}}{R_1+R_{23}}V = \frac{R_2R_3/(R_2+R_3)}{R_1+R_2R_3/(R_2+R_3)}V$$

$$= \frac{R_2R_3}{R_1R_2+R_2R_3+R_3R_1}V$$

内部抵抗 R_0 は、R_1, R_2, R_3 の並列回路の抵抗であるから、$\frac{1}{R_0} = \frac{1}{R_1} + \frac{1}{R_2} + \frac{1}{R_3}$

$\therefore R_0 = \frac{R_1R_2R_3}{R_1R_2+R_2R_3+R_3R_1}$ テブナンの定理

より、$I = \frac{V_0}{R_0+R}$

$$= \frac{R_2R_3}{R(R_1R_2+R_2R_3+R_3R_1)+R_1R_2R_3}V[\text{A}]$$

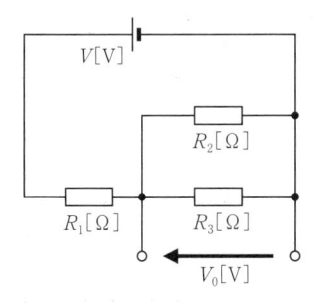

解答図 2-27

[7] (1) R_5 を取り外した解答図 2-28 において、開放電圧 V_0 は

$$V_0 = V_2 - V_1 = \left(\frac{R_2}{R_2+R_4} - \frac{R_1}{R_1+R_3}\right)V$$

$$= \frac{R_2R_3-R_1R_4}{(R_2+R_4)(R_1+R_3)}V$$

内部抵抗は、cd 間が電圧源で短絡されることを考慮して、

$$R_0 = \frac{R_1R_3}{R_1+R_3} + \frac{R_2R_4}{R_2+R_4}$$

$$= \frac{R_1R_3(R_2+R_4)+R_2R_4(R_1+R_3)}{(R_1+R_3)(R_2+R_4)}[\Omega]$$

テブナンの定理より、

$$I_5 = \frac{V_0}{R_0+R_5}$$

$$= \frac{R_2R_3-R_1R_4}{R_1R_3(R_2+R_4)+R_2R_4(R_1+R_3)+R_5(R_1+R_3)(R_2+R_4)}V[\text{A}]$$

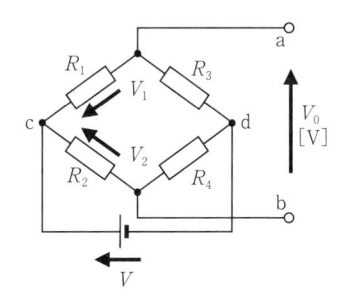

解答図 2-28

(2) 平衡条件は、(1) で得た I_5 の式を 0 とおいて、$\underline{R_2R_3 = R_1R_4}$

[8] (1) R_x を取り外した解答図 2-29 において、図のようにループ電流 I_a, I_b をとる。

ループ I_a：$V = 2R_1I_a - R_1I_b$

ループ I_b：$V = -R_1I_a + (2R_2+R_1)I_b$

これを解いて、$I_b = \frac{3V}{R_1+4R_2}$

開放電圧は $V_0 = V - R_2I_b = \frac{(R_1+R_2)}{R_1+4R_2}V$

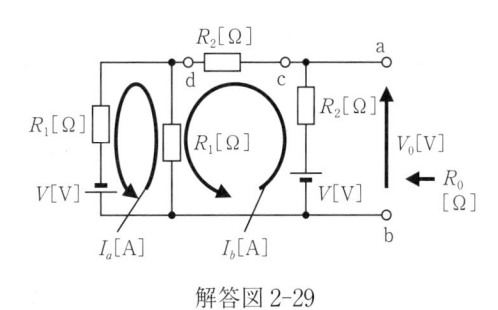

解答図 2-29

内部抵抗 R_0 は直並列接続の合成ゆえ、

$R_0 = \dfrac{(R_1/2+R_2)R_2}{(R_1/2+R_2)+R_2} = \dfrac{R_2(R_1+2R_2)}{R_1+4R_2}$、求める電流 I_x は、テブナンの定理より、

$I_x = \dfrac{V_0}{R_0+R_x} = \dfrac{(R_1+R_2)V}{R_2(R_1+2R_2)+R_x(R_1+4R_2)}$ [A]

(2) R_2 を取り外した解答図 2-30 において、図のように電圧 V_1, V_2 をとる。分圧則により、

$V_1 = \dfrac{1}{2}V$ 、 $V_2 = \dfrac{R_x}{R_2+R_x}V$ 開放電圧は、

$V_0 = V_1 + V_2 = \dfrac{1}{2}V + \dfrac{R_x}{R_2+R_x}V = \dfrac{(R_2+3R_x)}{2(R_2+R_x)}V$

内部抵抗は、「$R_1/2$」と「R_2 と R_x の並列回路」の直列回路計算より、

$R_0 = \dfrac{R_1}{2} + \dfrac{R_2R_x}{R_2+R_x} = \dfrac{R_1(R_2+R_x)+2R_2R_x}{2(R_2+R_x)}$ テブナンの定理より、

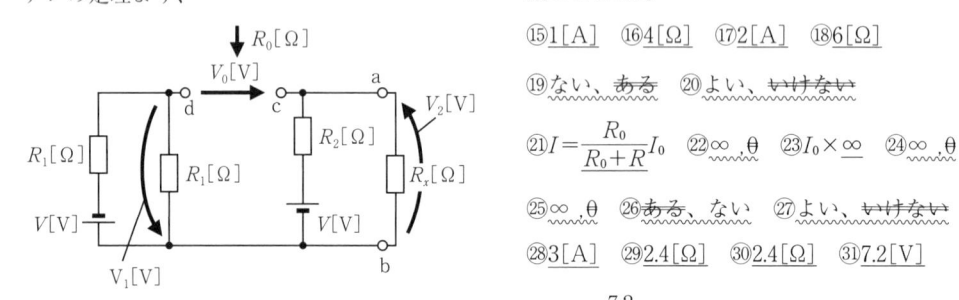

解答図 2-30

$I_2 = \dfrac{V_0}{R_0+R_2} = \dfrac{(R_2+3R_x)V}{R_2(R_1+2R_2)+R_x(R_1+4R_2)}$ [A]

2.7 定電圧等価回路と定電流等価回路の相互変換（ノートンの関係）

2.7(1) 実際の電流源と定電流等価回路

①解答図 2-31 ②$R=\underline{2}$ [kΩ] ③等価電流源

④定電流等価回路 ⑤解答図 2-31

2.7(2) 定電流等価回路と定電圧等価回路の相互変換

⑥$I=\dfrac{R_0}{R_0+R}I_0$ ⑦$I=\dfrac{1}{R_x+R}V_0$ ⑧$R_x=\underline{R_0}$

⑨$V_0=\underline{R_0I_0}$ ⑩$I_0=\dfrac{V_0}{R_0}$ ⑪ノートン

⑫ノートン ⑬ノートン ⑭テブナン

2.7(3) ノートンの関係（相互変換）による回路のまとめ方

⑮$\underline{1}$ [A] ⑯$\underline{4}$ [Ω] ⑰$\underline{2}$ [A] ⑱$\underline{6}$ [Ω]

⑲ない、~~ある~~ ⑳よい、~~いけない~~

㉑$I=\dfrac{R_0}{R_0+R}I_0$ ㉒∞、$\underline{0}$ ㉓$\underline{I_0 \times \infty}$ ㉔∞、$\underline{0}$

㉕∞、$\underline{0}$ ㉖ある、ない ㉗よい、~~いけない~~

㉘$\underline{3}$ [A] ㉙$\underline{2.4}$ [Ω] ㉚$\underline{2.4}$ [Ω] ㉛$\underline{7.2}$ [V]

㉜$I=\dfrac{7.2}{2.4+1.2}$

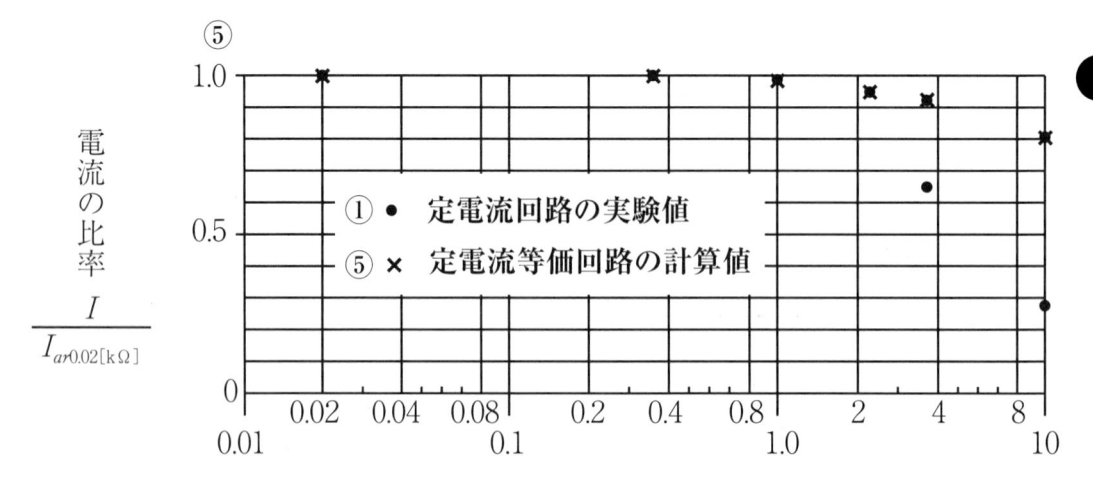

解答図 2-31

2.7(4) ノートンの関係（相互変換）を用いる場合の注意事項

㉝∞, ~~0~~　㉞できる、~~できない~~

㉟生じる、~~生じない~~

㊱~~まとめてよい~~、まとめてはいけない

＜2.7(1)～(4) 例題＞

㊲できる、~~できない~~　㊳~~できる~~、できない

㊴0.8[A]　㊵3[V]　㊶1.8[A]　㊷18[V]

㊸$18+3=(10+10+5)\times I$

＜2.7(1)～(4) 練習問題＞

[1] 問図2-55の2[Ω]と1[V]からなる定電圧等価回路を定電流等価回路に変換して、解答図2-32(a)を得る。この図の電流源をまとめた同図(b)において、分流則より、

$$I=5.5\times\frac{2/3}{2/3+3}=5.5\times\frac{2}{11}=\underline{1[\mathrm{A}]}$$

[2] 1[A]の電流源と直列の抵抗20[Ω]は無視できる。解答図2-33(a)，(b)の順に相互変換する。同図(b)において、分流則より、

$$I=1.6\times\frac{10}{10+5}=\underline{\frac{16}{15}[\mathrm{A}]}$$

[3] 求めるべき電流Iが流れる定電圧等価回路（$R_2=6$[Ω]と$V_2=12$[V]の直列回路）はそのまま残して、その周辺の回路をノートンの関係により相互変換すると、解答図2-34(a)を経て同図(b)に至る。同図(b)に、キルヒホッフの第2法則を適用すると、$12-\frac{12}{13}=\left(6+\frac{12}{13}\right)I$

$$\therefore I=\underline{\frac{8}{5}[\mathrm{A}]}$$

＜注意＞ここで、「6[Ω]と12[V]からなる定電圧等価回路」を「6[Ω]と2[A]からなる定電流等価回路」に変換すると、同図(c)のように、求めたい電流Iが見えなくなってしまう。この場合は、同図(c)において、ab端子間電圧V_{ab}(=2.4[V])を求め、この電圧が問図2-57のab端子間電圧に等しいことを利用して電流Iを求める。すなわち、$V_{ab}=V_2-R_2I=12-6I=2.4$と立式し、$I=\frac{8}{5}$[A]を求める。

これから分かるように、定電圧等価回路自身に流れる電流を求める場合には、その回路はそのまま残し、周辺の回路にノートンの関係を適用する方が計算を簡単にできる。

[4] 各自で作る問題のため、解答例なし。

[5] 解答図2-35(a)から(d)までの相互変換を行う。図(d)より、

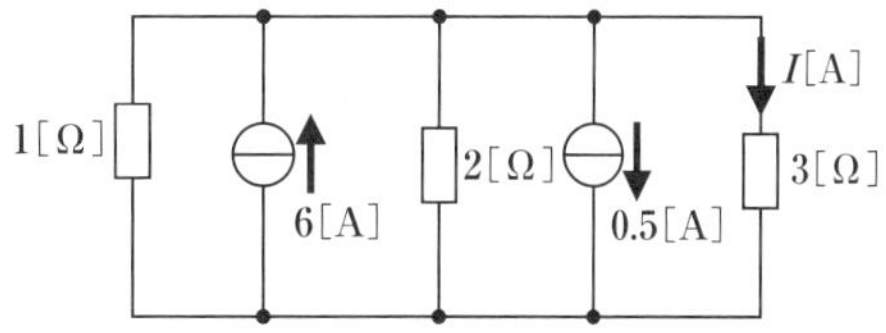

(a)

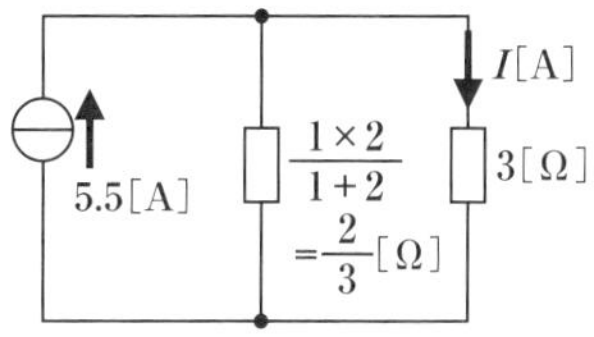

(b)

解答図 2-32

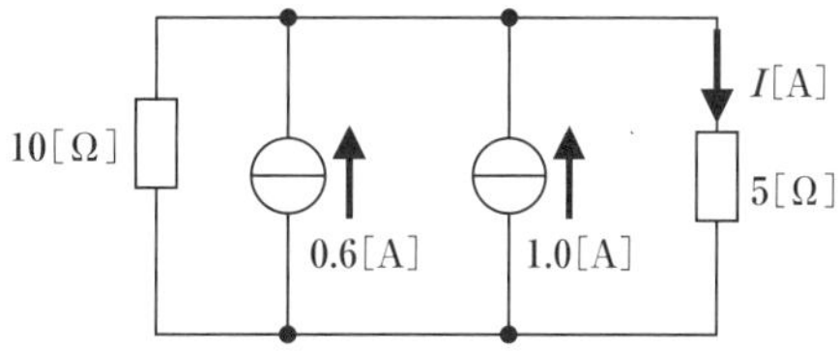

(a)

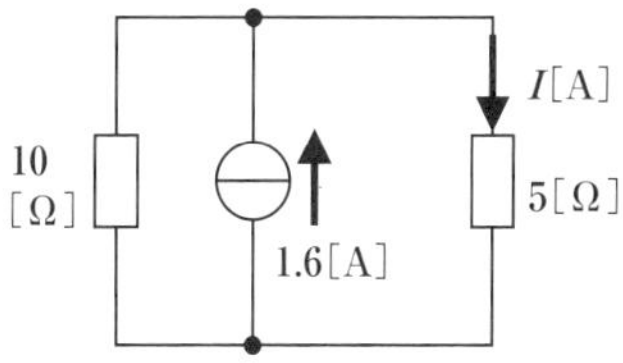

(b)

解答図 2-33

(a)

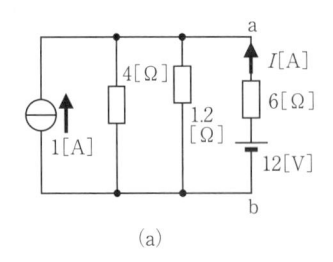

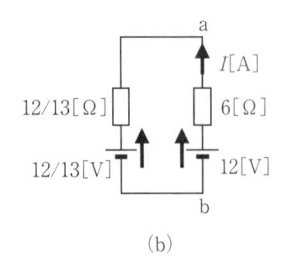

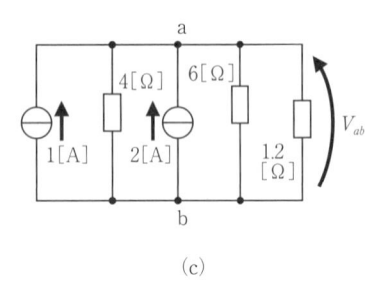

(b)

(c)

解答図 2-34

$$I_X = \frac{V - 7RI_0}{8R}[\text{A}]$$

[6] (1) 問図 2-60 において $I = 4$[A]（2[A]の電流源と並列接続された抵抗には2[A]が流れる）。

(2) 解答図 2-36 において、3 個の抵抗を通り一巡りするループについての電圧を計算すると、$0 = 2I + 2(I-2) + 4(I-4)$ ∴ $I = 2.5$[A]

(3) 2つの異なる電流値の理想電圧源が直列のため、このままでは電流Iは決定できない。実際の電源においては、それぞれの電流源に必ず有限の並列抵抗が存在するため、解答図 2-37 の場合と同じように、電流Iが決定される。

2.7(5) 電流源を含む回路の重ねの理

㊹ 短絡、開放 ㊺ 0[Ω] ㊻ 短絡、開放

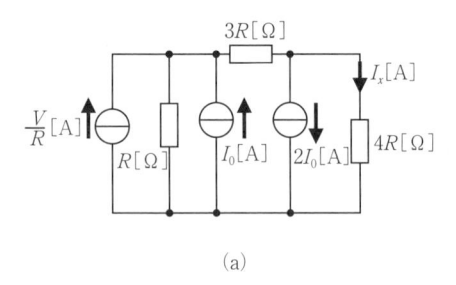

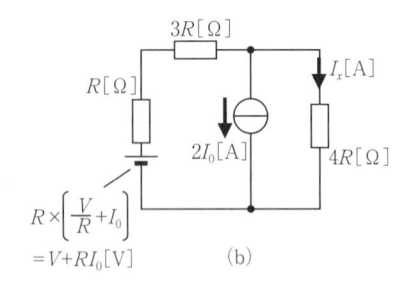

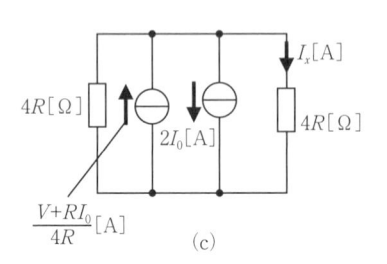

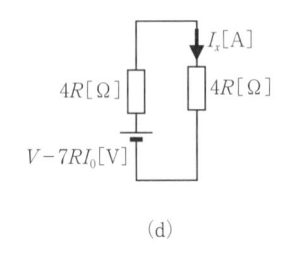

(a)

(b)

(c)

(d)

解答図 2-35

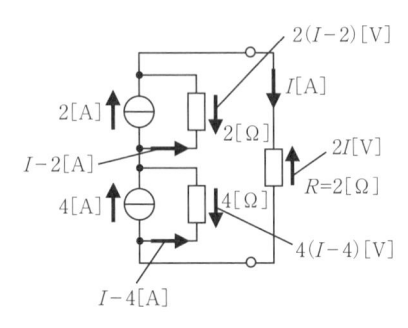

解答図 2-36

130 解　答

㊼$\infty[\Omega]$

< 2.7(5) 例題 >

㊽~~短絡~~、開放   ㊾~~短絡~~、~~開放~~   ㊿分流則

㊿$I''=\dfrac{3}{2+3}\times 10$

< 2.7(5) 練習問題 >

[1] 電圧源のみの回路は解答図2-37(a)になる。電流源のみの回路にした後、その回路のabcのΔ部分をY変換すると同図(b)になる。同図(a)において、$I'=\dfrac{1}{4R}V_0$　同図(b)において、分流則により、$I''=\dfrac{R/2}{R/2+7R/2}I_0=\dfrac{1}{8}I_0$

重ねの理より、$I=I'+I''=\dfrac{1}{4R}V_0+\dfrac{1}{8}I_0$[A]

2.7(6) 電流源を含む回路のテブナンの定理

㊾~~短絡~~、開放　㊿~~短絡~~、開放

< 2.7(6) 例題 >

㊾~~短絡~~、~~開放~~　㊿~~短絡~~、開放

㊽$V_0=\underline{6+(-1\cdot I_a)}=\underline{6+\left(-\dfrac{7}{3}\right)}$

㊾$I=\dfrac{V_0}{R_0+R}=\dfrac{11/3}{2/3+3}$

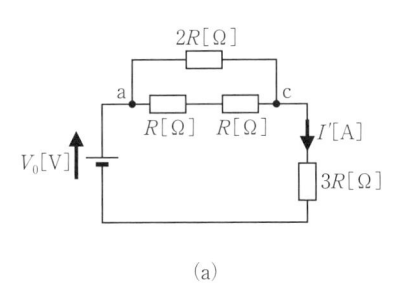

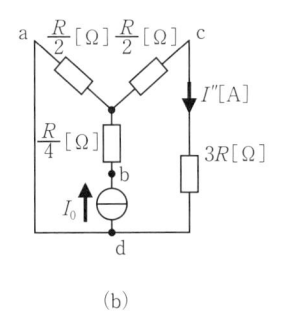

(a) 回路図

(b) 回路図

解答図2-37

< 2.7(6) 練習問題 >

[1] 回路N_0のab端子間の内部抵抗R_0を求めるために、問図2-64の回路N_0の電圧源Vを短絡、電流源I_0を開放した回路は、Rと$3R$の直列回路になる。したがって、

$R_0=R+3R=4R[\Omega]$

・開放電圧（起電力）V_0を求めるために、ここでは、重ねの理を用いる。このために、回路N_0を解答図2-38(a),(b)に分ける。同図(a)において、ab端子間は開放されているから、

$V'_0=V$

同図(b)において、電流I_0は、全てRに流れるから、

$V''_0=RI_0$

重ねの理より、

$V_0=V'_0+V''_0=V+RI_0$

テブナンの定理より、

$I=\dfrac{V_0}{R_0+4R}=\dfrac{V+RI_0}{4R+4R}=\dfrac{V+RI_0}{8R}=\dfrac{V}{8R}+\dfrac{I_0}{8}$[A]

2.8 最大電力の供給（整合条件）

①$P=\dfrac{V_0{}^2}{R}$　②Rがどのような小さな値であっても変化しない、~~Rの値が小さくなると電圧は~~

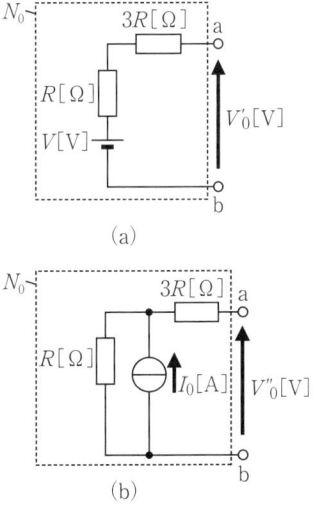

(a) 回路図

(b) 回路図

解答図2-38

低くなる ③$P=\dfrac{V^2}{R}$ ④$V=\dfrac{R}{R_0+R}V_0$

⑤$P=\dfrac{R}{(R_0+R)^2}V_0^2$ ⑥$R=R_0$

⑦供給電力最大条件 ⑧整合条件

⑨$P_m=\dfrac{1}{4R_0}V_0^2$

<2.8 例題>

⑩$V_0=\dfrac{R_2}{R_1+R_2}\times V=\dfrac{40}{10+40}\times 40$

⑪$R_0=\dfrac{R_1R_2}{R_1+R_2}=\dfrac{10\times 40}{10+40}$

⑫$P_m=\underline{I^2R}=\underline{2^2}\times \underline{8}$

解答図 2-39

<2.8 練習問題>

[1] 整合条件を利用するために、問図 2-65 の ab 端子から左側を見た回路（解答図 2-39）を電圧源とみなし、それを、開放電圧（起電力）V_0、内部抵抗R_0からなる定電圧等価回路に変換する。

・解答図 2-39 において、電流I_aを図のように仮定すると、

$I_a=\dfrac{V_1-V_2}{r_1+r_2}$、したがって$V_0$は

$V_0=V_2+r_2I_a=V_2+r_2\dfrac{V_1-V_2}{r_1+r_2}$

$=\dfrac{(r_1+r_2)V_2+r_2V_1-r_2V_2}{r_1+r_2}=\dfrac{r_1V_2+r_2V_1}{r_1+r_2}$

また、R_0はr_1とr_2の並列抵抗ゆえ、$R_0=\dfrac{r_1r_2}{r_1+r_2}$

整合条件より、求める負荷抵抗Rは、

$R=R_0=\dfrac{r_1r_2}{r_1+r_2}[\Omega]$

最大電力は、

$P_m=\dfrac{V_0^2}{4R_0}=\dfrac{\left(\dfrac{r_1V_2+r_2V_1}{r_1+r_2}\right)^2}{4\times \dfrac{r_1r_2}{r_1+r_2}}=\dfrac{(r_1V_2+r_2V_1)^2}{4r_1r_2(r_1+r_2)}[W]$

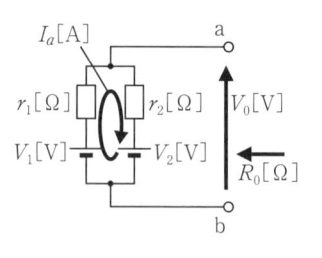

ノートI　参考文献

末武国弘：『基礎電気回路　1』培風館（1971）

西巻正郎、森武昭、荒井俊彦：『電気回路の基礎　第2版』　森北出版（2004）

前野昌弘：『よくわかる電磁気学』東京図書　（2010）

山田直平（原著）、桂井誠（著）『電気磁気学』電気学会　（2002）

赤尾保男、高田和之：「電気回路演習と解法［1］　増補版」廣川書店（1991）

小郷寛、小亀英己、石亀篤司：『基礎からの交流理論』　電気学会（2002）

金原粲監修、高田進、加藤政一、佐野雅敏、田井野徹、鷹野致和、和田成夫：『電気回路』実教出版（2008）

大下眞二郎：『詳解電気回路演習（上）』共立出版（1979）

高木浩一、佐藤秀則、高橋徹、猪原哲：『できる！電気回路演習』森北出版（2009）

光井英雄、伊藤泰郎、海老原大樹：『わかる電気回路基礎演習』日新出版（1989）

石橋千尋：『電験第3種　これだけシリーズ①　これだけ理論』電気書院　（2013）

電気工事士問題研究会編：『第二種電気工事士筆記試験受験テキスト改訂13版』電気書院（2009）

索　引

あ　行

アース……………………………………… 7
アンペア[A] ……………………………… 4
アンペアアワー[Ah] …………………… 4
枝電流法………………………………… 68
エネルギー…………………………… 6, 7
オーム[Ω] ……………………………… 12
オームの法則…………………………… 12

か　行

開放電圧（起電力）……………… 24, 85
回路方程式……………………………… 66
科学表記………………………………… 1
加減法…………………………………… 26
重ねの理………………………… 60, 86, 106
仮数……………………………………… 1
木………………………………………… 78
基準点…………………………………… 7
起電力（電圧源の電圧）……………… 16
キルヒホッフの法則…………………… 68
クーロン[C] …………………………… 3
クーロンの法則………………………… 4
コンダクタンス………………………… 13

さ　行

最大電力供給条件…………………… 110
ジーメンス[S] ………………………… 13
仕事……………………………………… 7
実際の電流源…………………………… 95
ジュール[J] …………………………… 6
水位……………………………………… 6
水位差…………………………………… 6
水流……………………………………… 3
Y-Δ変換（スターデルタ変換）……… 55

た　行

整合条件……………………………… 110
節点…………………………………… 68
接頭語………………………………… 1
線形…………………………………… 65

大地…………………………………… 7
直並列接続…………………………… 36
直流電圧源…………………………… 16
直列接続……………………………… 35
定義であることを示す記号…………… 4
抵抗（電気抵抗）……………………… 12
抵抗の式……………………………… 13
抵抗率………………………………… 14
定電圧等価回路…………………… 22, 84
定電流等価回路……………………… 96
定電流等価回路と定電圧等価回路の相互
　変換（ノートンの関係）…………… 97
テブナンの定理………………… 84, 107
テブナンの定理の証明……………… 86
Δ-Y変換（デルタスター変換）……… 54
電圧…………………………………… 7
電圧の存在…………………………… 16
電圧源の電圧（起電力）……………… 16
電圧則……………………………… 68, 77
電圧の基準点………………………… 16
電圧の矢印…………………………… 16
電圧を調べる経路…………………… 19
電位…………………………………… 7
電位差………………………………… 7
電荷…………………………………… 3
電気を通すゴムひも………………… 47
電池………………………………… 7, 8
電流…………………………………… 3
電流源………………………………… 96

電流源の内部抵抗……………………………99
電流則………………………………………68
電流と電圧の方向の関係…………………17
電力………………………………………8, 13
電力量…………………………………………9
等価電圧源…………………………………22
等価電流源…………………………………96

な 行

内部抵抗………………………………24, 84
2点間の電圧計算……………18, 48, 58, 66
2点間の電圧の示し方……………………16
ノートンの関係……………………………97
ノートンの関係による回路のまとめ方…98
ノートンの関係を用いる場合の注意事項
………………………………………………100

は 行

非線形………………………………………65
ブリッジ回路………………………………50

ブリッジの平衡条件………………………93
分圧則………………………………………37
分岐点………………………………………68
分流則………………………………………38
並列接続……………………………………35
べき指数………………………………………1
補木…………………………………………79
ボルト[V]……………………………………7

ら 行

理想的な電圧源……………………………24
理想的な電流源……………………………96
ループ電流法………………………………77
ループの決め方……………………………78

わ 行

ワット[W]……………………………………9
ワットアワー[Wh]…………………………9
ワット秒[Ws]………………………………9

── 著者略歴 ──

小関　修（おぜき　おさむ）
豊田工業高等専門学校名誉教授

光本　真一（みつもと　しんいち）
豊田工業高等専門学校　教授

Ⓒ Osamu Ozeki, Shinichi Mitsumoto　2014

基礎電気回路ノート I

2014年 1 月31日　　第 1 版第 1 刷発行
2023年 2 月 1 日　　第 1 版第 3 刷発行

著　者　　小　関　　　修
　　　　　光　本　真　一

発行者　　田　中　　　聡

発　行　所
株式会社　電　気　書　院
ホームページ　www.denkishoin.co.jp
（振替口座　00190-5-18837）
〒101-0051　東京都千代田区神田神保町1-3ミヤタビル2F
電話(03)5259-9160／FAX(03)5259-9162

印刷　亜細亜印刷株式会社
Printed in Japan／ISBN978-4-485-30230-9

- 落丁・乱丁の際は，送料弊社負担にてお取り替えいたします．
- 正誤のお問合せにつきましては，書名・印刷を明記の上，編集部宛に郵送・FAX (03-5259-9162) いただくか，当社ホームページの「お問い合わせ」をご利用ください．電話での質問はお受けできません．

JCOPY 〈出版者著作権管理機構　委託出版物〉
本書の無断複写（電子化含む）は著作権法上での例外を除き禁じられています．複写される場合は，そのつど事前に，出版者著作権管理機構（電話：03-5244-5088, FAX：03-5244-5089, e-mail：info@jcopy.or.jp）の許諾を得てください．また本書を代行業者等の第三者に依頼してスキャンやデジタル化することは，たとえ個人や家庭内での利用であっても一切認められません．